土地与设计

建筑学与城市规划的新线索

LAND AND DESIGN
IN ARCHITECTURE AND TOWN PLANNING

[意] 贝内代托·迪·克里斯蒂娜　马尔科·马萨　著

魏羽力　译

U0383467

中国建筑工业出版社

著作权合同登记图字：01–2023–4243号

图书在版编目（CIP）数据

土地与设计：建筑学与城市规划的新线索 /（意）贝内代托·迪·克里斯蒂娜，（意）马尔科·马萨著；魏羽力译 .—北京：中国建筑工业出版社，2024.2

LAND AND DESIGN IN ARCHITECTURE AND TOWN PLANNING

ISBN 978-7-112-29355-1

Ⅰ.①土⋯　Ⅱ.①贝⋯②马⋯③魏⋯　Ⅲ.①城市规划—研究—欧洲　Ⅳ.①TU984.5

中国国家版本馆CIP数据核字（2023）第222325号

Land and Design in Architecture and Town Planning, written by Benedetto Di Cristina and Marco Massa，ISBN：978-88-916-5085-6.

Copyright © 2022MaggioliSpA

Chinese Translation Copyright © 2023China Architecture & Building Press
All Rights Reserved.

责任编辑：张鹏伟
文字编辑：程素荣
责任校对：赵　力

南京工业大学国际交流合作项目（2022）

土地与设计　建筑学与城市规划的新线索
LAND AND DESIGN　IN ARCHITECTURE AND TOWN PLANNING

[意] 贝内代托·迪·克里斯蒂娜　马尔科·马萨　著

魏羽力　译

*

中国建筑工业出版社出版、发行（北京海淀三里河路 9 号）
各地新华书店、建筑书店经销
北京点击世代文化传媒有限公司制版
天津裕同印刷有限公司印刷

*

开本：889 毫米 ×1194 毫米　1/20　印张：12　字数：266 千字
2024 年 6 月第一版　2024 年 6 月第一次印刷
定价：**138.00 元**
ISBN 978-7-112-29355-1
　　（42068）

气候变化和环境恶化重新唤起了土地对人类生存的重要性，当土地所有权和可用性的政治问题与城市规划上的使用和设计问题交织在一起，就成为贯穿整个 20 世纪的关键议题。

今天，人们将土地看作是一种不惜任何代价保护的共同利益，但城市规划和建筑似乎无法将其变成社会导向型设计的基本工具。

本书追溯了从 20 世纪初到如今欧洲关于土地概念的演变，审视其代表性的规划与设计成果，旨在让我们的公共规划和福利政策变得更加有效。

贝内代托·迪·克里斯蒂娜（Benedetto Di Cristina），是前佛罗伦萨大学建筑学教授，执业建筑师，主要研究领域为欧洲社会住房和场地规划。

马尔科·马萨（Marco Massa），是前佛罗伦萨大学城市规划教授，城市规划师，主要研究领域为欧洲城市设计与城市更新。

目　录

序

本书的作者贝内代托·迪·克里斯蒂娜（Benedetto Di Cristina）和马尔科·马萨（Marco Massa）给自己设定了一项具有挑战性的任务，并邀请我们一起重温历史，为我们面对现在和未来的几十年作好准备。为此他们选择了一个主题，城市地面，并针对三个时期的观察，构成了本书的三个部分："战后重建中的地面""更新文化的地面"和"环境危机下的地面"。

这三个部分紧密地联系在一起，相互启发，通过对一个世纪多一点的城市历史的文化解读，来告诉我们城市规划思想的发展和演变，包括那些年复一年令人沮丧的问题，诸如气候失控，对利润的无止境追求，以及地球的未来。

故事始于20世纪初，从田园城市到现代主义运动的巨大势头，随着战后重建而回落，几乎占据了进步思想主导的整个世纪。然后，其范式从1980年代的经济危机开始改变，这场危机标志着西方，尤其是欧洲幸福富足的结束，表明我们需要修复/恢复我们所继承的城市，这个过程从古老的中心城区开始，然后在过去的几十年里延伸到城市化并且已大大衰退的郊区。建成遗产的概念诞生于意大利，与"历史中心"（centro storico）相伴，它放弃了城市而关注景观：地面再次成为设计的主题。但最终我们正处于21世纪，历史叙事也变成了问题：面对环境危机，是否有其他的发展模式？

我们怀着极大的兴趣阅读了这个故事，因为除了清晰的阐述和精确的用语，几乎每页都伴有令人印象深刻的图片。大约400张城市规划的平面图、透视图、规划布局细部、建筑照片和图纸、重要书籍和杂志封面，使我们能够在一本书中找到迄今为止我们应该在大量不同作品中寻找的东西。

这些图纸和方案令人愉悦而乐趣满满，因为它们并非为了让读者振奋或放松，它们同样也是文献资料，对于那些不辞辛劳仔细阅读、比较和分析的人来说，它们提供了关于土地的大小、数量、状况、形态构成方式的精确信息；而其他文献、重要作品的细节、象征性人物的照片，则唤起了时代和设计范式的更迭，让我们沉浸在过去的艺术氛围中。

对建筑师来说，从土地开始应当是自然且熟悉的。那为何这本书今天才姗姗来迟？为何我们花了将近20年的时间才意识到我们已然离开了 20 世纪？本书与另一位建筑师亚历克斯·麦克莱恩（Alex MacLean）的书（*Impact*，出版于 2019 年 11 月）几乎同时出版，这绝非巧合。20 年来，他一直在用他的摄影机拍摄美国东海岸令人不安的演变。让我们面对现实，抛开风格上的争执或意识形态的对抗，回归具体，首先看一看地面。

毫无疑问，在我看来，这是一种职业的变形，因为在法国，受勒·柯布西耶（Le Corbusier）的启发，战后政府复制了《雅典宪章》，使其成为城市规划的法典，这一极端形式应用了现代主义运动的原则，但"解放土地"这个说法本身就很荒谬，其效果令人沮丧。我们应当从什么或谁那里"解放"土地：从花园里玩耍的孩童那里？从种着蔬菜或水果的专业园丁或业余爱好者那里？从农民、步行者、足球运动员、运动员？为何不是从大大小小的、看见或看不见的、公然无视我们的规则和法律的动物们那里。

美丽而抽象的乌托邦愿景将土地视为全社会的共同利益，经受不住真正的城市动态过程，已经显示出它的弱点，并被新的理念所取代：首先是将地面视为可反复摹写的"重写本"（palimpseste），然后是作为"地球之肤"：自然的、脆弱的并受到威胁的资源，有着无法再承载人类活动的风险。

但是，20 世纪关于地面三个概念的更迭可能表明，今天应当更加谨慎地评估每

阶段的结果，即使它们源自那些不再让我们信服的原则。

随着 20 世纪末从修复文化中学到的相对主义和宽容，作者承认现代主义运动对城市蔓延中的公共空间仍有价值：他们援引了索拉·莫拉雷斯（Manuel de Solá Morales）为波尔图设计的美丽项目，大西洋漫步道（Passeio Atlantico）。作为一个具有象征意义的见证，其土地——公共空间流畅而连续，从道路阻隔中"解放"出来，将郊区的城市肌理和大海连接在一起。或者再如，当他们建议想象一下哪些行动方案给人丰富的自由空间，这些自由空间仍然是苏联社会主义国家的城市遗产，并使其成为欧洲城市历史上的一个独特篇章。

提出城市土地及其使用问题的前提，就是要区分所有权和占有（或使用权），思考土地细分的不同规模，并审查能够避免或减少投机的法律形式，却不禁止居民的占用。

在英国，古老的土地所有者和房屋所有者之间的区分仍然是一个值得深思的例子，而撒切尔夫人（Margaret Thatcher）大规模出售社会住房则是一个激进的反例。不过，我认为这里有很多困惑，并不是因为一块土地摆脱了私有制，它就自动成为所有人都可以使用的公共财产。例如，向公众开放的私人花园比公有的警察局的停车场更易于进入。

今天，在公共与私有产权之间的争论不再像一两个世纪之前那样激烈。法国的

私有财产是大革命的成果，它反对贵族的大宗地产，让农民过上产权人的日子，不必将一大部分收成支付给地主。

从 19 世纪末到现在，土地私有财产以两种形式延续：一种是小业主的土地私有，最显著的例子是郊区别墅，人们总是假定它是自我封闭的，先天性地与任何符合普遍利益的发展为敌；然后是另一种私人产权，他们现在与企业集团、银行、大型建筑公司、大型商业企业，管理超级市场的企业以及其他一些主体联合，其主旨是在最短时间内获得最大利润。

面对国家和地方机构的削弱，正是这些大型私营财团有可能进行大规模投资，并主动表明自己是唯一有能力造福于城市所有人的机构。

本书凸显了一个几年前才开始研究的过程：在苏联解体后，随着土地从公共到私人的转变，公共土地上大量的建筑遗产发生变迁。这为我们提供了一个反思土地转型的机会，这在欧洲一直是没有实现的目标，也是激进的城市规划改革派的旗帜。

我认为土地国有化并不能弥补私有财产的损失，恰恰相反，这足以看出国家是如何拆分土地所有权分配给不同的行政部门：排斥其他服务或行政部门的使用，也排斥地方政府（城市或聚集区）的使用。你只需看一下军队出售土地和营房的价格，它们经过此前几代人的税收支付，已变得毫无用处。总而言之，国家在公共产权中制造了一群相互竞争与猜忌的小私人业主。

第一次在圣彼得堡逗留时我震惊地看到，大量的从沙皇贵族那里继承下来的大块土地，是如何在没有任何实际变化的情况下变成社会主义公有产权的，保留了内部的划分、公共使用的通道、更多居住性质的庭院等。我认为，土地使用正是基于地块细分及其边界的具体问题上，才能为居民（广义上的，不仅仅是居住者）的利益发挥作用，这是某种比"封闭式社区"更好的东西。

这个案例表明，有时候建筑模式可以独立于它们得以形成的原则和土地产权形式。但即使这种结构的自治也无法抵抗失控的当代投机压力：圣彼得堡的街区是当时贵族土地所有者经营的结果，后来成为社会住房，如今则是公寓的城市肌理，因其处于城市中心而变得珍贵，还将被改造为酒店，一步步失去了其结构带来的可达性特征。

在我看来，我们必须继续研究某些国家尝试过的方式开始，如英国，或较低程度上的荷兰——前者自几个世纪以来，后者从 1901 年开始——区分了土地所有权和使用权，尤其是通过土地长期租约的方法。

本书的第三部分着眼于当代，在这一时期，气候变化加剧了环境危机，需要针对土地概念有新的调整。

虽然各国政府采取了相对适当的举措（特别是欧盟颁布了许多规定），但设计原则上的回应并不足以满足地面作为"地球的皮肤"的概念，它对于生命周期至关重要，这一概念并非来自同一学科，也无法仅从字面上应用其方法。

建筑学和城市规划仍处于观望状态，而风景园林学占据了主导地位，但"将自然带回城市是不够的"：城市是另一回事。

结论保持了谨慎的开放。作者为了接近可操作的解决方案，谈到了"设计的线索"，并提出了理论愿景和设计实践的分类。

如果我们想要展开某些对地面设计有间接影响但对项目学科的变形非常重要的研究路径，那么可以在第二部分"修复文化中的土地"中离开建筑师的世界，进入由居民和某些政客领导的城市斗争的世界，并以具有历史渊源的建筑遗产价值的名义抵抗过度拆除。人们可以把这一运动解读为西方自1974年以来的经济增长结束的后果，其标志是石油危机（中东原油价格1971年为每桶2.15美元，1973年为5.2美元，1976年到了12美元）。但这也可以解释为代际更替，从1968年开始，参与重建事务的建筑师和政治家让位给了下一代。尤其重要的是，正是从这些运动中产生了本书指出的"设计线索"之一，即区域意义上的设计。

当前，在社会紧张局势不再激化的国家，关于地面的新观点涉及公众舆论，同时引发了少数族群的激烈斗争，这些人反对剥夺他们的自然资源，不仅仅在贫穷国家——从恰帕斯州（Chiapas）的农民到苏萨（Suse）河谷的居民，正如克莱因（Naomi Klein）的书中所广泛记载的那样。

值得注意的是，尽管如此，欧洲仍然处于测试城市与新的土地（和地面）条件兼容性的前沿：特别是像鹿特丹这样的荷兰城市，已经产生了一种向全世界输出的模式。

今天，即使是新冠疫情也促使人们重新思考城市的组织（土地占用的密度和形式、机动性、中心和边缘的关系），土地的作用可以成为空间重整、城市设计和重启可持续建筑的一条重要战略路线。

还有一个问题：书中呈现给我们的故事是否有点太过于家族叙事了？受到1920年代末建立于欧洲、1950年代取得胜利的现代建筑思想的主导，也受到勒·柯布西耶作为父亲形象和建筑师之神的主导，在他去世半个多世纪后仍然统治着这个行业。建筑师所关注的并没有很快排除其他形式的土地利用，它们是土地测量员、企业家、小型房地产开发商、工程师和城市服务的技术人员的产物，这些人从未梦想过废除私有产权，而是为了获利而出售，或者为了项目而购入。

本书邀请我们打开其他思考的路径：质疑大型金融—房地产—开发商集团在城市规划中所占的越来越大的份额，重新塑造新的反权力形式，将话语权交还给居民和公民，并限制短期利益最大化的做法。

我想引用从田园城市走向现代主义运动这一卷中的一段话来结束关于进步的想法："田园城市文化肯定了城市土地的概念，其基础是城乡之间最初的融合，需要大幅降低人口密度，以合理和非投机性的土地使用为支撑，并在学术上衍生出一种正式城市设计的景观版本"。

我仍然记得那种家长式的微笑，伴随着对昂温（Unwin）或者霍华德的召唤：太低的密度，小资产阶级的封闭，刻板而陈腐的构图中对透视和对称的滥用，受到卡米洛·西特（Camillo Sitte）、正式传统主义等启发的如画风味的调和。但这种适度的密度已经是一种避免热岛，发展生物多样性的一种方式，这正是我们今天所寻找的。

菲利普·巴内瀚（Philippe Panerai）[1]

2020 年 6 月

[1] 菲利普·巴内瀚（Philippe Panerai, 1940 ~ 2023），法国建筑师，规划师，凡尔赛建筑学院教授，城市形态学法国学派的代表人物，1999 年法国规划大奖获得者，关注城市肌理中地块、街区与建筑类型的关系，著有 *Formes Urbaine, de l'îlot à la barre*（中文版为《城市街区的解体：从奥斯曼到勒·柯布西耶》，魏羽力、许昊译，中国建筑工业出版社，2012）、*Analyse Urbaine*（《城市分析》）等著作，被称为"城市土地测量员"。

* 在把土地（suolo）翻译成英语（原书为意英对照）时我们使用了两个词语：

——"土地"（land），当指向地产、使用、功能的目的时，以及土地的非物质特征方面时；

——"地面"（ground），当涉及地球表面的人为改变时。

文字有其自身的历史演变。因此，我们可能会提示，如书中所述，20 世纪开始于将土地从私有产权的束缚中解放出来（并因此抹去地面上的一切标记）的想法，结束于发现那些标记的反复摹写制造了城市和区域的历史。21 世纪仍在地面上奋力操作，仿佛它是生物的皮肤，这可能意味着一次对广为接受的场地设计概念（过于容易）的深度修改。

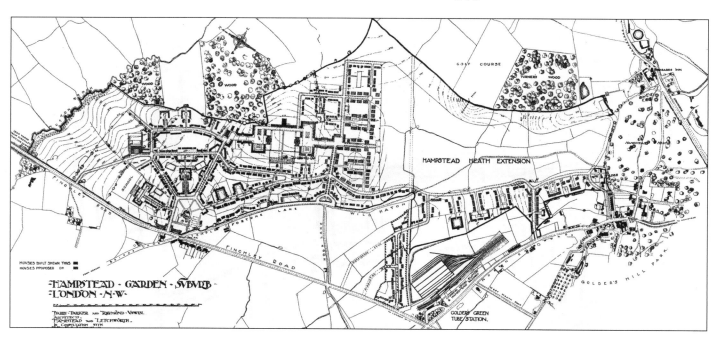

前　言

几年来，极端天气事件周期性地影响了我们地球上许多地区，让建筑和城市规划中关于土地的议题重回议席，突显了它在气候变化面前的脆弱性，以及对缓和其有害影响的无能为力。

海平面上升使沿海地区处于危险之中，季节降水特征的变化（干旱和暴雨的交替）导致滨河滨海城市的意外洪泛，有时不稳定的土壤导致可怕的山体滑坡，还有灾难级的干旱和火灾，影响到整个地区。除此之外，还必须加上那些"传统"的土地不稳定危险现象：地震和海啸，当它们带着一贯的破坏性袭击工业化国家的高危工厂时，将是灾难性的，就像 2011 年日本东北部的情况。

土地作为城市生活的场所已经变得不可靠，作为生产活动的支撑也变得不再稳固。由于这个问题出现在设计文化长期衰落并被边缘化的时期，当时建筑和城市规划被引向其他领域，得出的行之有效的想法，大众和专业媒体都将其描绘为面对环境问题的全新事物。一方面，可以通过广泛立法和技术措施来减少人为化的影响；另一方面，通过景观设计方法来解决问题，这些方法常常被认为是排他性和决定性

的，就好像在 20 世纪的历史上未曾有过先例。

为了寻找更为合理而具体的答案，本文尝试重新开启城市土地的问题，正如整个 20 世纪一直在讨论的，我们从中继承了两个原则：

——土地作为一种战略性的资源，用于公共利益，甚至全部或部分地移除其私有产权。这一原则催生了对某种开放城市的寻求，它与自然和谐相处，并有充裕的技术支撑，成为 20 世纪的特征。从 1980 年代开始，在城市更新文化的框架内进一步完善，以平衡过去 30 年前所未有的增长留下的影响。

——土地作为城市规划实践中新保守主义和改革派之间的主战场，前者导致了 19 世纪以来欧洲大城市的增长，后者则历经起伏，试图在 20 世纪下半叶引领城市的重建与更新。

这项工作始于 2015 年的一项大学研究[1]。当我们开始在更广泛的出版物中对其重新评价时，我们很快意识到，一个世纪以来，随着土地概念的转变，我们将以追溯一段时期（20 世纪）设计文化的不同阶段来结束，每一步都冒着风险，从土地

A. 西扎，A. Castanheira，中国淮安实联化工水上办公楼，2014 年

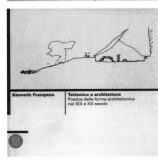

肯尼思·弗兰姆普敦《建构文化研究》的英文版（MIT 出版社，1995）和意大利文版（1999）

L. 贝内沃洛在提契诺大学（USI）关于地域历史的讲座

古塞勒姆城堡
英格兰西南部的一个史前定居点，在铁器时代，通过在山周围建造巨大的护坡和沟渠形成的一座保护性的堡垒

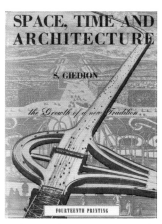

S. 吉迪翁，《空间，时间与建筑》，英文版第一版，Harvard University Press, 1941 年

S. 吉迪翁，《机械化支配一切》，英文首版（Oxford University Press, 1948）和意大利文版（Feltrinelli, 1967）

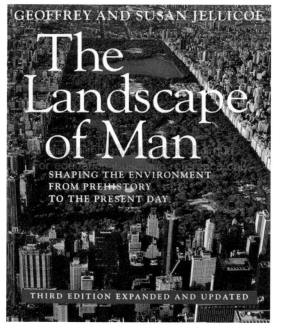

G. and S. Jellicoe,《人类的景观》（The Landscape of Man），Thames and Hudson Ltd., London, 1975 年

的视角重写现代建筑史。这并非我们的目标，我们已经尽了最大努力保持在我们的领域范围内。某些方面的考虑因素强化了关注土地的决心，同时也表明还需更深入的研究。

1. 在 20 世纪下半叶，意大利出版或翻译了大量的现代建筑的总体历史，其中包括布鲁诺·泽维（Bruno Zevi）1950 年、莱昂纳多·贝内沃洛（Leonardo Benevolo）1960 年、肯尼思·弗兰姆普敦（Kenneth Frampton）1993 年（英文版出版于 1980 年）、威廉·柯蒂斯（William J.R. Curtiss）1999 年（英文版出版于 1982 年），他们努力在所处时代让人们理解和熟知几乎被公众忽略的现代建筑。最近的贡献，甚至权威如《新千年的建筑学》（*L'Architettura del Nuovo Millennium*，Benevolo，2006），也认识到对于今日的建筑学者，最重要的是对当下感兴趣，如同期刊和新的传播形式所显示的，在某种意义上已将历史搁置于一旁，以情节的形式来描述事件，并追逐热点头条。[2]

这种状况让我们把宏大叙事放在一边，为"从历史的角度"铺平了道路，即放弃 20 世纪总体愿景的历史，而保留其深度，虽然只是在局部的主题上。[3]

在这些历史中，肯尼思·弗兰姆普敦的《建构文化研究》（意大利语版 Skira，1999，英文版 MIT Press，1995）作出了巨大的贡献，该书以后现代主义和解构主义的风格，从建造的角度重新阐释了 19 世纪和 20 世纪的建筑形式诗学，试图恢复建筑语言的技术成分。在这条线上的其他作品还包括朱塞佩·法内利（Giovanni Fanelli）和罗伯托·加尔基亚尼（Roberto Gargiani）的《当代建筑史：空间、结构和表皮》（*Storia dell'architettura contemporanea, Spazio, struttura, involucro*，Laterza，Bari，1998）等。从另一个角度来看，贝内沃洛本人也出版了《地球上人类的痕迹》（*I Segni dell'Uomo sulla Terra*，Mendrisio，2001），它取自作者在门德里西奥建筑学院的讲座中获得的地域历史指南，作者在前言中写道："……考虑到未来可预期的转变，对整个人类的景观进行反思"，意味着将建筑作为人类对地球表面所作的总体修改。

时光倒流，我们可以看到，现代建筑定义和传播的两部基本著作：1941 年

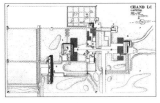

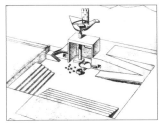

勒·柯布西耶的昌迪加尔议会大厦，是建筑、土地与景观之间关系的典型例子

Soil: The Life Supporting Skin of Earth
Kristín Vala Ragnarsdóttir and Steven A. Banwart (eds.)

《土壤：维持地球生命的皮肤》（Soil: The Life Supporting Skin of Earth），2015 年由谢菲尔德大学和雷克雅未克大学的 Kristín Vala Ragnarsdóttir 和 Steven A. Banwart 编辑的电子书

的《空间、时间与建筑》（*Space, time and architecture*，意大利语翻译：Hoepli，1953）和 1948 年的《机械化支配一切》（*Mechanization takes Command*，意大利语翻译：Feltrinelli，1967），产生于吉迪翁那样的"外行"对建筑和城市规划的热情，他是一位机械艺术学者，完成了工程和艺术史的研究，对世界机械化历史感兴趣，既一名是研究人员、企业家，又是技术员和记者，并担任 CIAM 的秘书长达数十年[4]，此前曾与包豪斯和勒·柯布西耶工作室有

接触。

在这些特定的历史中，仍然有大量的土地研究，而像贝内沃洛这样的孤立见解在很大程度上指明了工作的方向。

2. 与土地的关系也影响了很多方面，它们一开始被认为完全是设计实践内部的问题，从这个角度来看，今日即使仅仅着眼于环境问题，也能揭示更多的主题。其中一个例子是 1980 年代初期转向风格操纵（后现代主义）和传统城市规划（新城市主义），当时被认为是时尚周期性变化

的结果，几乎无可避免，同时被描绘成增长结束后对需要适应新的愿景所带来的困难与不适应，即将土地作为历史，地域作为重写本。

3. 此外，城市土地的法律地位问题，尤其是所有权问题，需要深化对项目的影响。这个问题从一开始就影响了欧洲的城市规划，对一系列城市体验有深刻影响，这些体验如今似乎已经终结。此外，地租并未消失：可用的城市土地仍旧缺乏，经济危机和金融全球化催生了各种新的土地开发

瓦格纳和鲍尔（Waggoner & Ball）建筑师事务所：新奥尔良大区城市用水规划，2013 年
城市水利工程，将新奥尔良大区作为一个三角洲城市，拥有绿色和蓝色的基础设施、公园和湿地使其具有弹性

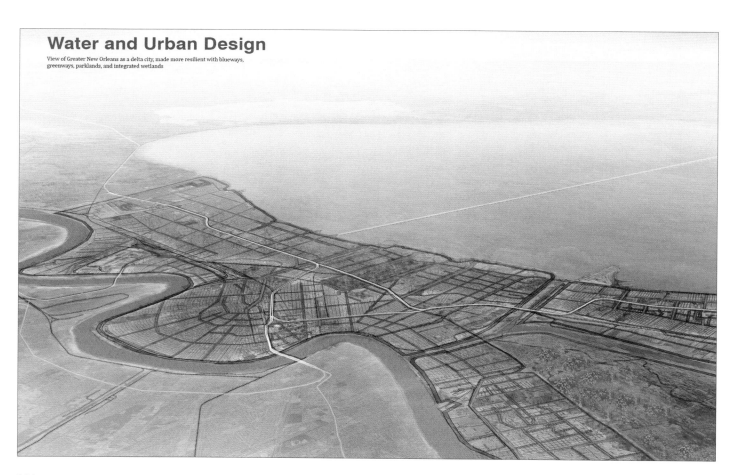

Water and Urban Design

View of Greater New Orleans as a delta city, made more resilient with blueways, greenways, parklands, and integrated wetlands

被洪水淹没的新奥尔良鸟瞰，2005年

在未经控制的污染或极端减排的情况下，对曼哈顿洪水泛滥地区的预测（来自 Climate Central 网站）

形式，导致对一些社会活动和社会群体的排斥，以及对场所的剧烈改变。

在此过程中，新的社会需求开始浮现（即土地和地域作为共同利益），而同时环境危机可能提出了新的观点[5]，对此我们仍未看到太多合理的答案。

从 20 世纪初至今可追溯到土地概念演变的三个阶段，主要指的是欧洲大陆，也不排除与其他重要地方的比较：第一阶段是第二次世界大战后的重建阶段；第二阶段对应于 20 世纪最后 20 年城市增长结束及与之并行的既有城市结构的更新过程；第三阶段以新转型阶段的开始为标志，仍在进行之中，受到了环境危机、气候变化以及金融全球化导致的经济衰退和社会不平等的影响。本书分为三个部分，每一部分对应其中一个阶段。

因此，本文试图重建土地的概念、地位、用途、每个阶段对应的概念与建筑学和城市规划的一些标志性特征之间的关联，这些特征如建筑肌理的平面和三维形式、土地使用的密度、与环境的联系，以及开放空间的布局等。

如今，面对气候变化，人们提出了一

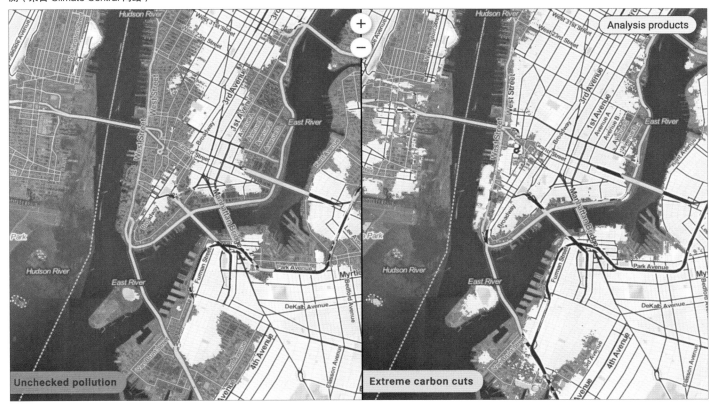

种"有机的"愿景，将土地归于环境，搁置其与城市文化的联系：这是一种新的范式，土地成为"地球的皮肤"（一种环境基础设施，对碳、空气和水的循环起到决定性作用），将注意力从城市转移到自然，将设计实践从城市领域转移到景观。

但景观设计不足以解决当代城市进程中的所有问题，甚至在那些最不可思议的地方，比如远东的超级城市化地区，偶尔也会有其他项目对城市问题提出技术上中肯的解决方案。

在等待实地验证这些方案有效性的同时，综合性重建关于城市土地的漫长历史很有用处，让人们明白对整体环境的调控需求虽不可避免，但从与我们的城市文明联系在一起的视觉文化来看，可能已把我们推向了可以控制的范围之外。

对于这一状况，L. 贝内沃罗在最近的书中反复阐述，自21世纪初以来，他在自己的作品中时常表达想象"其他"景观的必要性，将他的观察范围扩大到建筑的遥远起源，直至尝试去理解地球上人类定居最遥远阶段留在地面上的神秘标志的地域价值。

吴骥良、南京琵琶湖规划方案

鸟瞰

建设中的公园设施

注释

1   A preliminary summary was presented at the conference: Climate change, hydrogeological risk and urban planning held at the University of Florence on April 24, 2015 and published in *Notiziario dell'archivio Osvaldo Piacentini*, issue 15, 2017 (B. Di Cristina, M. Massa, "Il suolo in urbanistica e la difesa dal rischio idrogeologico: fra uso, consumo, progetto").

2   «In order to grasp the novelty of the most recent experiences, in addition to inserting them in a long historical narrative, it is necessary to attempt a more close and temporary analysis, separating it from the long background told in the History of Modern Architecture and accepting a fragmentary exposition that corresponds to their real characteristic», L. Benevolo, *L'architettura del nuovo millennio*, Bari 2006, p. III.

3   In issue 24 (December 1985) of *Rassegna* the curator, Manolo De Giorgi, presented under the title "Microstorie di Architettura" seven works of modernity, from the Maison de verre by P. Chareau (1928) to Torino Esposizioni by P.L. Nervi (1948), claiming, perhaps for the first time, the need to study the works of architecture going through the moments of their production, as was then already allowed, by the increasingly detailed consultation of archives, and requested by those who did not fit to reread modernity as a matter of style.

4   See: "Progressi inquietanti. Sull'opera di Sigfried Giedion L'era della meccanizzazione", p. 54 of Hans Magnus Enzensberger *Gli elisir della Scienza*, Torino 2004.

5   The issue of whether land is a common good or not has been extensively discussed starting from a well-known article by S. Rodotà ("Il valore dei beni comuni", *La Repubblica* 5.1.2012 and "La ragionevole follia del bene comune", *La Repubblica* 24.2.2015); this approach was taken up by other authors, including P. Maddalena (*Il territorio bene comune degli italiani*, Donzelli 2014) and inspired the associations that later supported the need for public sovereignty over the territory (as in the collection of essays "Le economie del territorio bene comune" of the journal *Scienze del territorio,* n. 6/2018); a different point of view that tends to separate common rights from private property is expressed in *I beni comuni oltre i luoghi comuni* by E. Somaini, IBL libri 2015, in particular in S. Moroni, "Suolo".

第 1 章
城市土地的解放

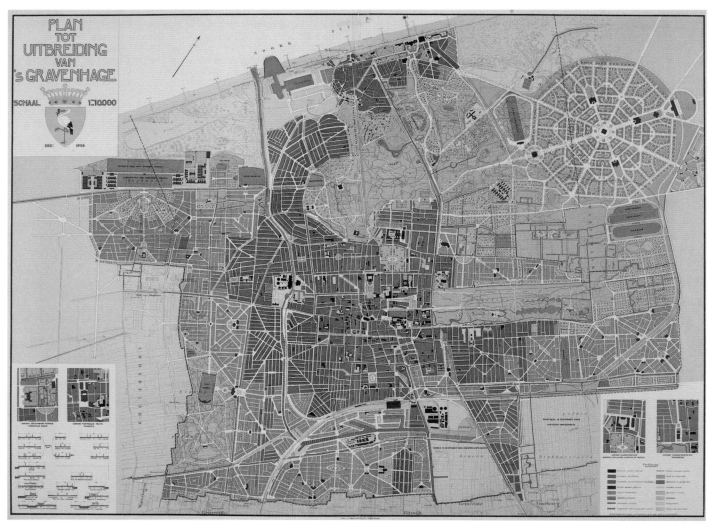

H. P. 贝尔拉格，海牙土地规划使用，1908 年

土地：一个贯穿 20 世纪的议题

在建筑学和城市规划中，土地问题重新引发了一个在整个 20 世纪都至关重要的问题，因为土地所有权和可用性的政治问题与设计和使用的城市问题紧密交织在一起，到了这样的程度未来城市的愿景完全沉浸于自然景观中，作为绿色公共空间的组成部分，没有产权划分或私人地块，与私有土地产权不再符合城市规划的需求这一坚定信念相并行，一同发展成熟。

现代主义运动的建筑师们也坚定地推动了这一观念，成为 20 世纪内很长一段时间的标志。从 1928 年的《萨拉兹宣言》（Déclaration de La Sarraz）到 1933 年 CIAM 的《雅典宪章》，建筑师着手大幅限制土地私有制的可能性，如《雅典宪章》第 93 条所写："土地所有权及其可能的征用问题出现在城市中及其周边，并延伸到构成城市区域的更为广阔的范围"。[1]

得益于从 1930 年代开始蔓延到整个欧洲的高层建筑，将土地从几个世纪以来的限制中解放出来，从抱残守缺的地籍划分之阻碍到土地正确合理的组织，这被认为是建筑实践的解放之道。城市及其资源的民主而平等地可达作为一种重要的社会福利，相应的集体利益与个人利益之间的冲突在土地上展开。

众所周知，L. 贝内沃洛在此问题上的立场在他的许多著作中都有过阐述，也在作品中付诸实践，并在《新千年的建筑》

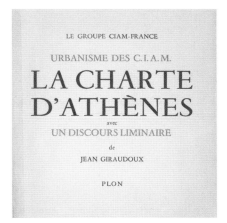

《雅典宪章》法文版（Plon,1941）和意大利文版（Comunità, 1960）

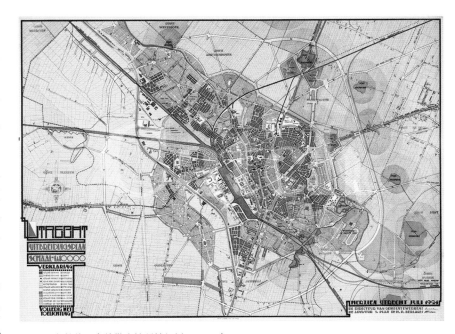

H. P. 贝尔拉格，乌德勒支控制性规划，1924 年

今天芝加哥湖滨的景观。尽管被忽视，伯纳姆的规划强调了滨水的重要性，它已成为城市的象征

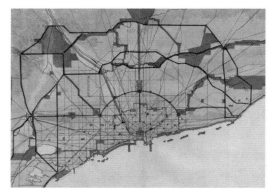

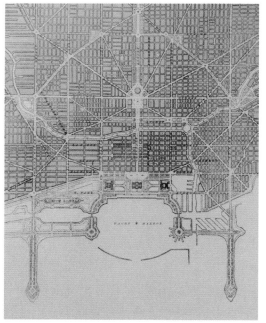

（左上）伯纳姆的芝加哥规划，
1909 年
（右上、右下）带公园环的区域规
划及滨水区细节
（左下）作为说明的当代总体鸟瞰

（2006 年）第一章进行了有效总结，他重申了城市规划改革派所实行的新任务分工的合法与有效性：公共行政部门以市场价购置将要城市化的土地，编制发展规划，建设城市基础设施，然后将建筑地块出售给私人运营商来平衡资金。荷兰这样的国家证明了这一过程显而易见的成功，在荷兰，用于城市发展的土地长期以来由公共行政部门来开垦和维护。贝内沃洛写道："如今，时间的距离（从 1928 年的《萨拉兹宣言》开始）让我们能够将该文件置于历史的视角，这使它的多样性极其显著。正如文化史上的其他创造性时刻，其新奇之处在于发现了当时还被认为是混杂的要素之间的一种意想不到的联系，这种联系能够制造新的结果并解决此前的困难"。[2]

但现代主义运动对土地的愿景也是一场辩论的结果，它始于 19 世纪城市向现代工业化大都市的过渡，并受到重大历史事件的强烈影响，如第一次世界大战和俄国十月革命。

在这些事件让关于土地控制权的讨论变得激烈之前，欧洲已经开始对 19 世纪城市规划的基础进行修正，并表达了广泛的经验和建议。在 19 世纪末到 20 世纪初，进步和改革之风遍及欧洲，虽然短暂，但检验了几个新的城市愿景：从英国的田园城市到法国和德国"手册主义者"（manualists）[1] 的方案；从维也纳、阿姆斯特丹等大城市的规划到欧洲以外如伯纳姆（Burham）芝加哥规划的经验，以及如索里亚·马塔（Soriay Mata）的线性城市或托尼·加尼尔（Toni Garnier）的工业城市等或多或少的乌托邦愿景。

勒·柯布西耶，里约热内卢规划研究，1929 年

（左下）莱奇沃思（Letchworth）田园城市最早的设计图之一，1904 年
（右下）索里亚·马塔的线性城市图解，1895 ~ 1910 年

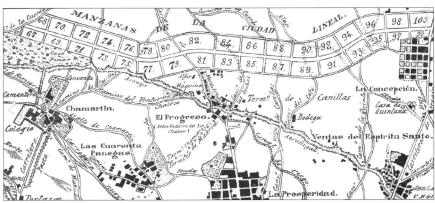

[1] mamualist，手册主义者，指建筑或城市规划手册的作者，以书的形式来综合性地解释设计的技术与理论，他们本身也是设计者。此处的法国和德国手册主义者指的是 19 世纪末到 20 世纪初法国的 Eugène Henard（1849 ~ 1923）、德国的 Joseph Stubben（1845 ~ 1936）和 Reinhard Baumeister（1833 ~ 1917）、奥地利的 Camillo Sitte（1843 ~ 1903）等。——译者注

（左上）A. D. Agache, Punta Cala-
bouço 花园，摘自里约热内卢控制
性规划，1930 年
（右上）A. D. Agache, 里约热内卢
控制性规划，1930 年，开放空间
和绿地

这些愿景对大都市增长问题给出了两种不同解答：

一是接受城市增长的挑战，试图控制其形态，使其运营手段合理化，将分离的聚落转化为连贯的整体；甚至不抛弃传统的视觉文化，正如保罗·西卡（Paolo Sica）对于艾纳尔（Henard）和加尼尔所指出的那样："不回避既定传统中的风格

A. D. Agache, Punta Calabouço
花园，摘自里约热内卢控制性规划，
1930 年

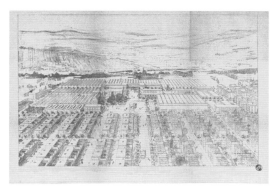

或组合规则"。[3]

二是提出城市单中心增长的替代方案,着眼于古城,或者研究在乡村由小城市或社区规模的单元组成的分散城市化的新形式。

事实上,这两个概念之间的差异更多的是意识形态上的,而不是真实的,实际上,许多欧洲城市的经历都从这两个方面得到了启示。今天,我们回顾这些实验,特别是那些处理与乡村关系的实验,如田园城市,为地面的设计寻找灵感,而不是为了土地的所有权。

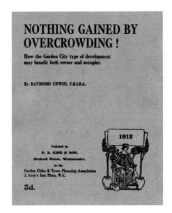

雷蒙德·昂温
1912 年版的《过度拥挤将一无所获》
（Nothing gained by overcrowding）；
（右下图）理想的田园郊区的景色

E. 霍华德：田园城市图解
（上图）"三种磁体"：城镇、乡村
和城镇-乡村
（下图）田园城市联盟

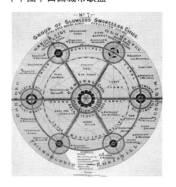

田园城市运动及其遗产

在现代建筑师之前，田园城市运动从 20 世纪初就开始提出了土地问题，并将其与一种特殊的城市形式联系起来：多中心城市，在乡村自由蔓延，与自然环境融合，并通过大都市区的铁路系统快速联系。在盎格鲁—撒克逊世界，城市规划自始就和田园城市运动是如此紧密地交织在一起，以至于城镇和乡村规划协会（TCPA）这个最古老、最权威的规划组织仍然活跃在英国城市议题的讨论中，尽管人们对城市规划的兴趣在 20 世纪末有所下降。田园城市理论由埃比尼泽·霍华德（Ebenezer Howard）在 1899 年创立，从一开始就支持城市的去中心化，平衡城乡关系，并高度重视适宜的土地利用。[4]

关于田园城市文化对本文主题的贡献，抛开 20 世纪上半叶这一理念在欧美的成功传播，有两个方面值得回顾：

1. 对土地使用标准的系统性研究，由 1910 年代雷蒙德·昂温（Raymond Unwin）的文章开始，后来在 20 世纪六七十年代在剑桥大学建筑学院重续，并有了新的原创贡献。

2. 流传于 20 世纪前 15 年，用来自学院传统的形式规划法则的高超技巧，来适应对景观和土地形态学的新态度。[5]

雷蒙德·昂温的理论作品是第一批基于测量和比较不同城市肌理的最大可能密度、城市质量和城市化成本的系统著作之一[6]。他对土地使用所作的贡献是在私有产权制度的框架之下，即土地由开发商购买，进行城市化，划分成每个地块出售。然而，昂温带来的非凡理性超出同时代投资者的水准，后者只满足于严格遵守

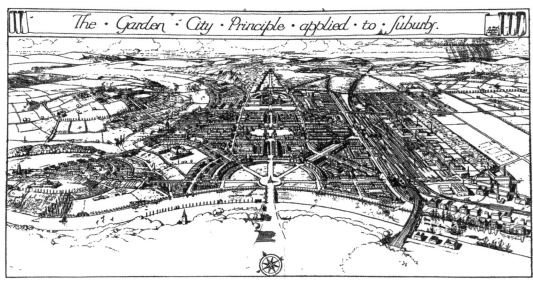

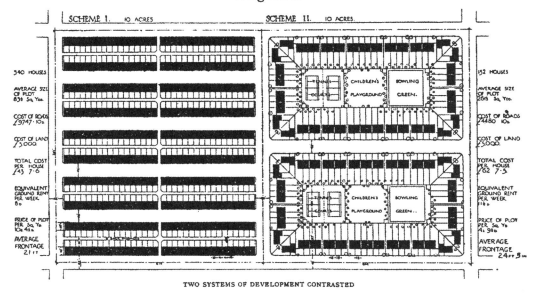

Diagram I.

TWO SYSTEMS OF DEVELOPMENT CONTRASTED

雷蒙德·昂温，
不同类型城市肌理的密度模拟及基
础设施成本

莱奇沃思田园城市
（上图）街景
（下图）新城的宣传海报和 Pixmore
山社区规划平面

当时的建筑法规，建筑之间的最小间距和最小的街道宽度等。事实上，他的愿景中预先包含了合理的规划所需要的土地数量，这是后来的现代主义建筑师以一种更激进的方式提出的主张。在英国第一批田园城市（如莱奇沃思）中，这一原则将以准许租赁建筑用地的方式来贯彻，租期在99～199年之间，同时保持长期的集体所有权。此外，他的城市规划手册（《城镇规划实践》，1909年）[7]受到了当时引发这一争论的紧张变革的影响，旨在为当时英国正在审批中的新的城市规划法提供合格的支持，采用了一套基于丰富的实践指导的法规系统。然而，他的方案在世界范围内的成功，很大程度上归因于他们对当时出现的中产阶级生活理想的简单明了的阐释。

几十年后，剑桥大学建筑学院在莱斯利·马丁（Leslie Martin，1908～2000）的带领下，重启了始于昂温的关于密度的研究工作，莱斯利·马丁是英国先锋艺术的倡导者，一战和二战之间的艺术期刊《Circle》的编辑，1953～1956年间伦敦郡议会的首席建筑师，1956年被任命为剑桥大学建筑学院院长，并于1967年在那里成立了一个研究中心——土地使用与建成形式研究所（Land Use and Built Form Study，Lubfs），在 L. 马什（Lionel March，1934～2017）这个多重身份的数学家、艺术家和建筑师的重要贡献下，继续了昂温的工作，明确指出土地的适当用法，包括对高密度的追求，都可以通过规

汉普斯特德花园郊区
（右图）埃德温·吕滕斯（Edwin
Luytens）做过中央区域后的总平面

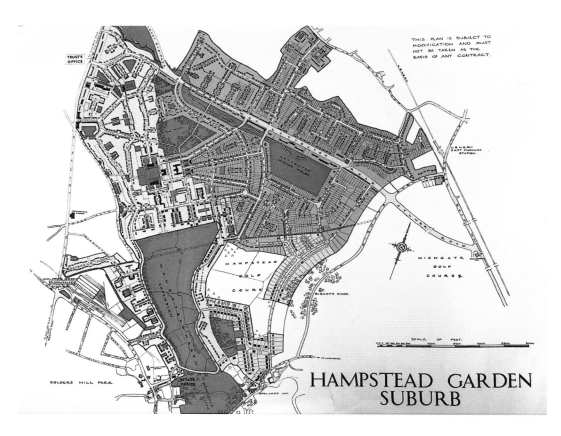

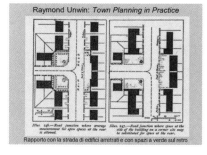

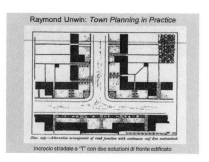

（左上、右上、右下）1909 年，昂温在他的《城镇规划手册》
中提出的四个方案
（左下）Waterlow 庭院，为单身职业女性设计的合作住房，一个
引人注目的飞地，由 H. 巴奈特（Henrietta Barnett）倡议，1904
年，由 M. H. 贝利－斯科特（M. H. Baillie-Scott）设计，位于汉
普斯特德郊区

划布局而不是独立的高层建筑来获得。

在 20 世纪六七十年代，剑桥学派的研究一方面成功地支持了设计师的工作，使他们致力于不用高层建筑来损害现有的城市肌理的条件下致力于伦敦市中心的改造，如 P. 霍金森（（Patrick Hodkingson）的布伦瑞克中心（Brunswick Center）和卡姆登（Camden）低层—高密度住宅[8]；另一方面，重新连接了英国田园城市的传统及其分散聚居的理念，在某种程度上被视为英国理性与德国理性主义的对比。

他们甚至在学校操场上建造了一个最大空间的实验屋（在某些方面与理性主义的最小化生存相反），由七名学生在约翰·希克斯（John Hix）的指导下设计和建造，他后来成为几个国家的生物气候建筑设计师，并发表了关于铁玻璃屋历史的首批研究之一[9]，将宽敞的工业温室改造为住宅。从这个意义上说，他们也采用了无政府主义者反城市规划的经典主题，比如自主建造和食物的自给自足，在两次世界大战期间的阶段为建筑师所熟知（在采用城市超级街区之前，1919～1923 年间进行了法兰克福的 Goldstein 社区和维也

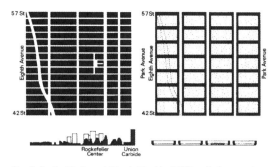

Fig. 6. Leslie Martin and Lionel March's (1972) radical proposal to replace a part of central Manhattan with large courts. This would have provided exactly the same amount of floor space while creating large open spaces and reducing the height of buildings from an average of 21 storeys to 7.

剑桥大学建筑学院，不同城市形态的密度模拟研究

纳城市周边社区的实验）[10]。代尔夫特理工大学（TUD）[11]的研究人员 M. B. 彭特（Meta Berghauser Pont）和 P. 奥普特（Per Haupt）最近在很多场合发表的作品延续了这一研究路线。他们以图解表达来比较（荷兰的）不同城市规划，并参考了包括 Stichting 建筑研究所的 J. 哈布拉肯（John Habraken）转职到麻省理工学院（MIT）[12]之前在埃因霍温理工大学的研究，阿姆斯特丹城市肌理从 17 世纪到 20 世纪最早的一些比较研究，并于 1985 年出版了庆祝荷兰科尔·范·埃斯特伦（Cor van Eesteren）[13]规划 50 周年的一本书。

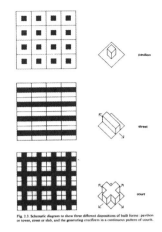

剑桥大学建筑学院研究工作的主要出版物

Cross section, showing stepped residential floors, central court and breakfast kitchen

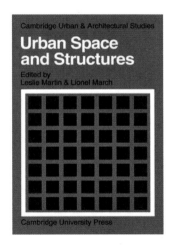

哈维庭院（Harvey Court）住宅，剑桥大学 Gonville and Caius 学院（莱斯利·马丁和 C. J. 威尔逊，1961 年）
住宅区的剖面透视图，遵循了庭院建筑的设计原则

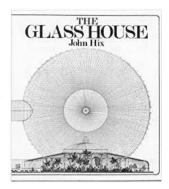

（上图）J. 希克斯关于铁与玻璃结构历史的著作

（右上）法兰克福 Römerstad 住宅区，E. May，1926～1927 年

舰队路（或 Dunboyne 路）住宅区，伦敦卡姆登（建筑师：N. 布朗，1977 年）

（右图）建筑师 N. 布朗在舰队路住宅区的一个阳台上看内部空间

（下图）现状鸟瞰和剖面示意，不同颜色表示不同住宅类型

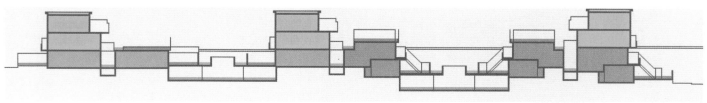

M. 斯温纳顿（Mark Swenarton）[14] 最近出版的一本关于伦敦卡姆登区（Camden）的书，重建了 20 世纪 60 年代和 70 年代城市低层住宅的历史，描述了主要设计项目的详尽细节及设计者的个性特点，其中最著名的是最近去世的 N. 布朗（Neave Brown）。[15]

这种体验在欧洲几乎是独一无二的，与田园城市文化有着千丝万缕的联系，一方面，人们试图找到一种适合英国个人生活传统的住宅模式，包括私人的开放空间和从街道上进入的私人通道，甚至在社会住宅支撑的城市更新项目中也是如此。另一方面，在密度方面具有一种谨慎而非常规的操作，类似于昂温的设计，除了平面设计外，还采用了复杂的剖面，创新了建筑类型。

田园城市的文化也体现在将土地作为城市组成部分的思考方式。在城市肌理的尺度上，菲利普·巴内瀚的《城市形态》（Formes Urbaines, de I'îlot à la barre）的第二章对此主题展开了精准而恰当的研究，特别是关于汉普斯特德（Hampstead）花园郊区 [16] 的段落，作者详细阐述了导致打开传统封闭街区和发明"围合"（close）的心智过程，"围合"是一种低密度住宅肌理的新组织模式，从那时起就成为伦敦

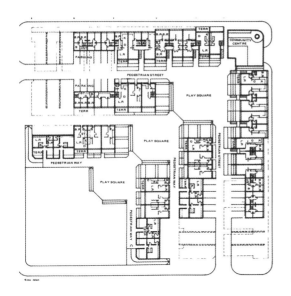

Polygon 路住宅平面、航片和视景，P. 塔伯里（Peter Tabori）1969～1976 年建于伦敦卡姆登区。一个关于伦敦城市街区的全新愿景

Mark Swenarton 在 2017 年出版的书中详细重建了伦敦卡姆登区的社会住房

郊区和英国主要城镇的标准设计。这一理念进一步发展了美国的"拉德伯恩式布局"（Radburn Layout，1928），以及交通分离的设计。在美国，因为与私人汽车的普及同步，得到系统性的应用，并在第二次世界大战后又重新引入英国的新市镇。关于整个城市的总体设计和规划方案，我们可以说，在20世纪的前十年，基于对角线和星形轴向构图的形式上的设计成为标准模式，尽管对待景观设计并不总是特别敏感，对地面形态也不够关注：构图通常是基于沿主轴道路的常规透视图。那个时期存在一些法国的学术传统与英国田园城市的学术传统融合的例子，其中最著名的是海牙（贝尔拉格，1908）、赫尔辛基及其郊区 Munkkiniemi-Haaga 的规划（1918，1915）。但人们还能想到更多，例如法国现代主义学派[17]对城市规划的丰富贡献，如1930年阿加什（A. D. Agache）的里约热内卢规划，该方案设法解决由周期性洪水引起的卫生问题，采用了新的下水道和水处理系统，以及新的郊区设计方案，有专门的法规来规定土地覆盖率、道路断面和带花园的住宅类型。[18]

E. 沙里宁，Munkkiniemi Haaga 规划（1915）

E. 沙里宁，Pro Helsingfors 大赫尔辛基及其周边的区域交通和总体规划图，1918 年

最终，这些项目预示着一种与大都市发展相适应的田园郊区类型[19]，并开始将田园城市的反大都市精神转变为一种新的环境意识。人们也可以在形式上相距甚远的经验中发现田园城市的环境和画意维度，如城市美化运动（City Beautiful），特别是 R. 伯纳姆（R. Burnham）的芝加哥规划（1909）[20]，其中巴黎的影响是决定性的，但环绕城市的公园系统和滨湖空间的组织预示了一种新的生态和景观敏感性。

E. 沙里宁, Mukkaniemi Haaga 规划模型的数字化版本

赫尔辛基中心城区全景

堪培拉
沿东北—西南轴线鸟瞰：从安斯利
山到议会大厦

堪培拉规划

  堪培拉规划是一个特殊的、几乎是独一无二的案例，是 W. 格里芬（Walter Griffin）和 M. 马霍尼（Marion Mahony）在 1911 年所做的项目，他们在前一年举行的建筑竞赛中赢得了一等奖，竞赛共有 137 名参赛者，包括获二等奖的 E. 沙里宁和三等奖的 A. 阿加什。

  格里芬夫妇的作品非常杰出，在某些方面仍具现实意义，不仅因为他们将田园城市的原则应用于一个全新的首都，在无人居住的荒野上为一个新国家从零开始建设，并意图象征它的统一和民族认同；也因为获奖者在芝加哥学派的赖特的工作室接受过培训，处于草原派文化之中，使他们的设计具有一种原始的地景敏感性，他

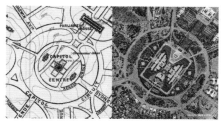

2009 年，澳大利亚记者 A. 麦格雷戈（Alasdair McGregor）在企鹅出版社出版了格里芬夫妇的传记

R. 朱尔戈拉，堪培拉新议会大厦，1988 年。西南向鸟瞰，以及嵌入格里芬规划的平面图

堪培拉：杰利科（Jellicoes）绘制的景观草图

埃德温·鲁琴斯为新德里设计的"复古的"鸟瞰图和总体方案，1913 年

们明确断言甚至批评当时的城市设计样例，如 1912 年埃德温·鲁琴斯宏伟的新德里规划，显然它是文脉主义的，实际上是完全的学院派[21]。与当时的经验相比，堪培拉规划显示出在理解与稳固地景关系方面的高超技巧，甚至在很长时间内都可以指导实施。

在这种情况下，堪培拉规划中特有的曲线道路系统与地面形态相适应，M. 马霍尼拍摄的从安斯利山顶看议会大厦的壮丽全景非常著名，主要的透视轴线将新的城市纪念性建筑与自然地形结合在一起，让规划更贴近当时对环境敏感的其他特点中，还有对莫隆格洛河（Molonglo River）的改造，河流穿过市中心，改造成一系列的储水池，旨在调节新的供水系统。在某种意义上，适应景观—环境想象的娴熟技艺是学院派的拿手好戏，70 年以

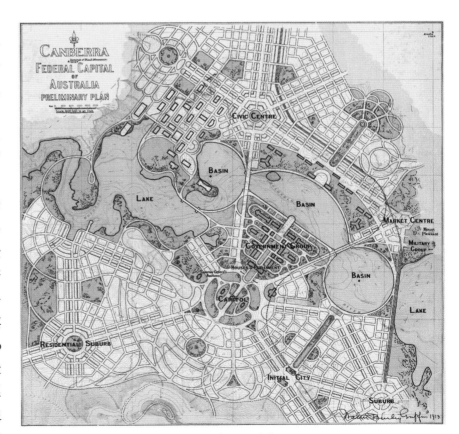

堪培拉规划设计竞赛，1911 年，格里芬的一等奖入围方案

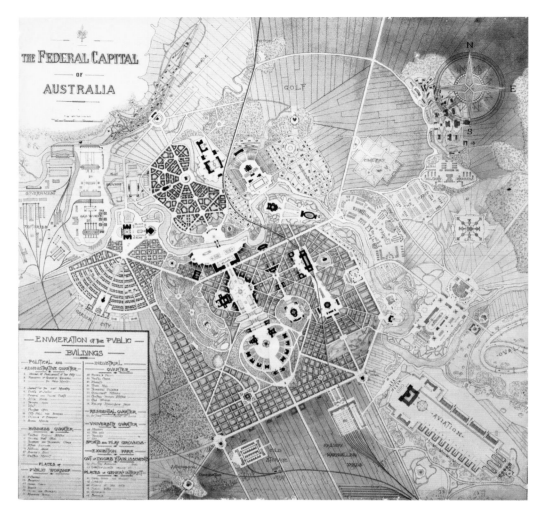

后，R. 朱尔戈拉（Romaldo Giurgola）的新议会大厦（1981～1988）植入场地的方式，在某种程度上追溯性地确认了这一点：一栋水平建筑，部分嵌入地面，在许多方面都让人想起与土地融为一体的设计[22]，依照堤防、大坝、平台或挡土墙来构想，在 1969～1986 年期间由意大利的 Gabetti & Isola 事务所在不同场合提出，早在几十年前他们就预见了一种今天普遍存在的趋势。[23]

堪培拉规划
A. 阿加什的入围方案，获竞赛三等奖，1911 年

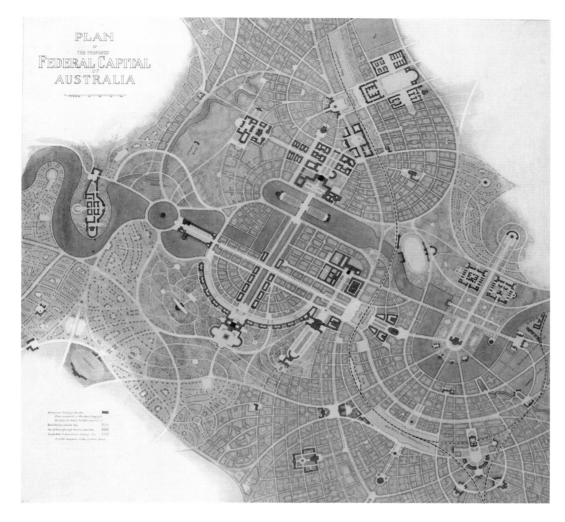

堪培拉规划
（上图）E.沙里宁的入围方案，获竞赛二等奖
（下图）从安斯利山的鸟瞰，M.马霍尼

解放城市土地：现代主义运动

田园城市文化肯定了一种城市土地的概念，它基于原始的城乡融合，需要大幅降低人口密度，并以合理和非投机的土地使用为支撑，开创了一种出自学院的正统城市设计的景观美化版本。田园城市的文化并没有改变建筑和将土地划分为地块的世俗传统之间的关系，建筑置于公共室外空间和私人室内空间之间。在欧洲大陆国家，独立住宅并非根深蒂固的传统，由中小型街区和城市别墅组成的郊区，假如拥有足够的绿地和并不刻板的路网，也被称为"田园城市"。这个公式非常灵活，既可以代表优雅的城市规划结构，也可以变成普通的城郊，因此获得了广泛的成功。

相反，现代建筑师认为，通过类型学和技术创新，有可能"解放"土地：既

可以阻止将其分割成私人地块，也可以保持它的"未建成"。这种转变并不一定意味着要通过乡村来淡化19世纪大都市中出现的具有强烈城市生活的大工业城市模式。勒·柯布西耶的版本于1925年首次在"新艺术馆"（Pavillon de l'Esprit Nouveau）亮相，并在1935年出版了《光辉城市》（La Ville Radieuse）[24]，是迄今为止最为著名和被讨论最多的作品[25]：它指导了为巴黎所做的设计，以及对于城市和地域重组的理论建议。从勒·柯布西耶在孚日（Vosges）的圣迪耶（Saint Dié）战后重建规划开始，他试图在实践中整合城市与景观，这既困难又让人着迷，最终在未完工的昌迪加尔国会大厦真正获得尝试。[26]

但最终能够实现而没有遇到太多困难的模式，是开放的行列式建筑（Zeilenbau），一种对土地解放的简化和

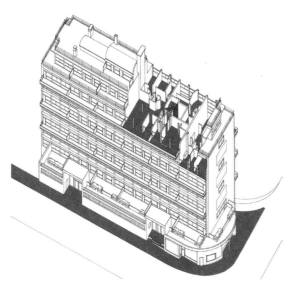

光明公寓（Immeuble Clarté），日内瓦，1932年

这是勒·柯布西耶在两次世界大战期间建造的唯一一个现代高层住宅单元，由实业家 E. 瓦纳（Edmond Wanner）承建，将瑞士的技术与巴黎的奢华结合起来。如今被列为联合国教科文组织世界文化遗产

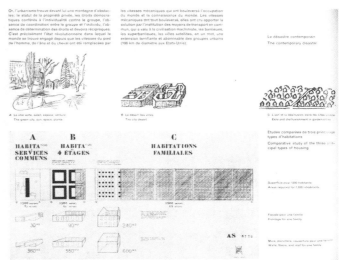

勒·柯布西耶：《光辉城市》
（左上）"那些形状各异的树木，将生长于城市中，与住宅为伴……"
（右上）与紧凑的城市街区和花园城市相比较的新居住单元

我们要把莫斯科改造成理想的社会主义城市，宣传海报，1931年

实用主义的阐释（正如雄心和诗意是柯布西耶的阐释），基于两个简单的参数：与建筑垂直的道路和暴露在太阳下正确的日照。经过 1920 年代末在德国的第一次试验之后（卡尔斯鲁厄—丹默斯托克，1927；法兰克福—威斯特豪森和赫勒霍夫，1929/1930），这一模式被引进到荷兰，首次应用于阿姆斯特丹 landlust 地区（1932～1938），引起了一些批评（"……这些住宅僵硬地站在一起，秩序机械，不顺应地形，也不朝空间开放……"），威廉·范·提真（Willem van Tijen）在 8+0 杂志的第 17 期中写道[27]。但是，苏联政府任命恩斯特·梅（Ernst May）的团队设计第二个五年计划（1928～1932）的新城市，确保了该模式在世界范围内引起共鸣。西伯利亚新钢铁城市马尼托哥尔斯克（Magnitogorsk）的总体规划首次将开放的

行列式布局扩展到整个矿区。尽管梅的合同在 1932 年之后没有续约，委托给了美国公司阿瑟·麦基（Arthur McKee），但土地自由组合的原则将主导苏联新城建设[28]

苏联开放的行列式建筑

（上图）马格尼托哥尔斯克（Magnitogorsk），乌拉尔的钢铁城市，由恩斯特·梅设计

（右上图）规划总平面

（下图）其中一幢原始住宅楼的现状，1932 年建造

的庞大计划。

可能引起欧洲现代建筑师注意的原因之一，是废除私人土地所有权的重大决定，这是 1917 年 10 月 26 日布尔什维克政府的第二项正式法令，当时通过了《土地法》。有了这项法律，地球上六分之一的土地突然公共化，为现代主义运动城市理念的广泛应用创造了基本条件。[29]

因此，第二个五年计划中的俄罗斯城市成为有趣的示范，展示了将土地公共化的效果，不再有边界的限制，一个无等级和非专门化的流动空间，丰富的集体生活和文化娱乐设施，类似于现代主义运动所设想的地景／自然、建筑、基础设施之间的平衡，也符合田园城市的提议。一个建成环境，不管它的建筑质量如何，都不受利益驱动。

这一最初的成功也在某种程度上加强了土地解放的政治意义，土地解放既是一种社会价值，也是一种设计工具，这使所有权的限制合法化（前述《雅典宪章》第 93 条关于"土地所有权及其可获得性"的

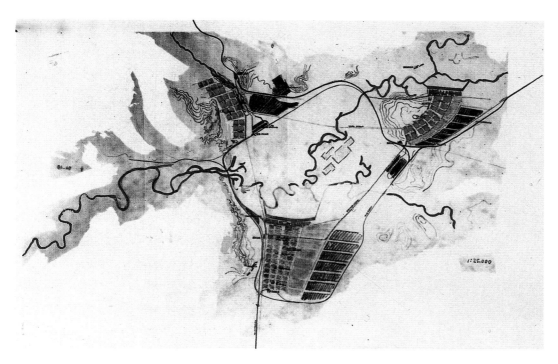

M. 斯塔姆（Mart Stam），矿城奥尔
斯克（Orsk）规划草图，1933 年

新法兰克福，1930 年
第 7 期和第 9 期专门介绍了梅的新
市镇和德国建筑师在苏联的工作

内容写进了 1933 年 CIAM 的最终文件中，土地所有权在莫斯科已经废除了 16 年），直到证明征收土地的合理性，并将地租视为一种落后和非生产性的房地产投资形式，与社会需求相悖。开放的行列式建筑虽然从一开始就受到批评，但在 1960 年

代和 1970 年代的欧洲重建和大规模住房计划中得到广泛应用。当时最受推崇的例子之一是 1935 年西阿姆斯特丹规划的实施，直到 1970 年代初，整个城市的增长都集中在这里。第一个阶段的特点同样是对其各种变体在文化上的实验性研究，以减轻其固有的单调乏味。鹿特丹南部的一些社区，如 1950 年代由洛特·斯塔姆（Lotte Stam Beese）设计的 Pendrecht，就是一个恰当的例子，今天仍然可以用来评估，因为那里有人居住且保存完好。它们有更复杂的布局，显然是受到了巴特·范德莱克（Bart van der Leck，1876～1958）等风格派抽象画家作品的启发，后来 van den Broek & Bakema 事务所也选择并验证了这一模式，以不同高度和类型的线性街区组成社区单元，阿尔多·凡·艾克（Aldo van Eyck）则更具创造性地用来追求他个

（上图及右下）战后阿姆斯特丹的城市增长一直以 1935 年的规划为指导，规划将两次世界大战之间土地与住房之间的关系转化为实践

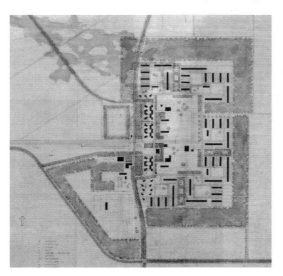

（上图）1950 年代由 CIAM 荷兰分支"建设"（Opbouw）提出开放的行列式建筑的各种变体

人对"迷宫般清晰"形式的探索。

这些独创的研究尝试完善开放的行列式布局，又不失开放空间的连续性和流动性，后来在 1970 年代末被批评所遮蔽，当时整个现代主义作品都以批评告终（前文提到的 Panerai、Castex 和 Depaule 关于城市街区转变论著的第一版可追溯到 1977 年）[30]。由于它们是在装配式大规模住房普及之前建造的，采用了中高层建筑和几乎是手工制作的建筑细部，承载了一代经验丰富设计师的希望，他们致力于追求对城市土地的设想，仍然认为是必不可少且有价值的。在地面上自由排列线性的建筑，使一种非常简单的布局能够广为传播，理性而抽象，没有真正的城市设计追求，却满足了建筑生产的需求，在重建时期发挥了主导作用。自 1950 年代初，阿姆斯特丹市政府的两个部门之间的紧张关系就证

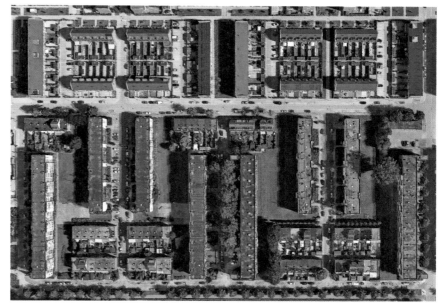

鹿特丹南部的扩展部分由 Lotte Stam Beese 设计，她和丈夫于 1935 年从苏联回国，开放的行列式建筑变得不那么抽象，又不失连续自由土地的原则

（上图）彭德勒赫特（Pendrecht），1949 年

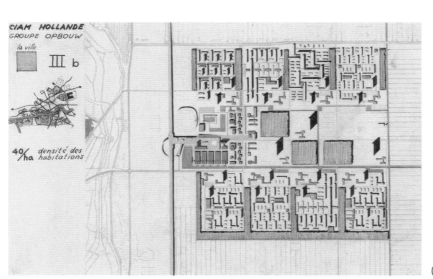

（左图）"建设"团体 1953 年在 CIAM 的贡献

阿姆斯特丹：1935 年规划的实施
按照中央政府规定的条例建造的建筑质量低下
是导致规划和住房部门之间紧张关系的原因，
预示了 1970 年代的争论
（上图）Slotermeer 规划
（下图）1950 年代住宅的两个例子

莫斯科新切利穆什基（Moskow-Novye Cheryomushki）的一栋建筑成为 1950/1960 年代苏联预制住房的范例

明了这一点，这两个部门合作实施了 1935 年的规划。一方面，城市规划部门坚持制定详细的场地规划，以确保总体规划得到恰当实施。另一方面，住房部门在政府的支持下，要求迅速调整规划，以适应其社会住宅计划的数量和质量需求。[31]

自 1960 年代末，随着大规模住房尺度的变化，扩张的空间和巨型建筑相结合，在欧洲地域上留下前所未有印记的这种土地使用模式已经开始彻底衰落。后来，大规模住房改造计划启动之初，这一主题似乎尚可承受，无论有多广泛，都采用了 1980 年代欧洲旧城改造中学到的技术（见第 2 章）；但很快就变得更加困难：

——苏联解体后，1955～1985 年间在苏联建造的所有房产都在排队等待翻

赫鲁晓夫楼
在 20 世纪 60～80 年代，苏联按照这种模式建造了大约 5000 万套标准化住宅。据估计，苏联城镇 80% 的城市肌理仍然由这种建筑类型组成

从透视来看，开放的板式建筑对地理和文化上相距遥远的不同地方，如阿姆斯特丹西区（上图）和 Togliattigrad（菲亚特在苏联建造的汽车产业新城下图），其结果并无太大不同。两者均以自由土地文化和社会成就而闻名

新：5000 万套公寓的住宅存量，使当时许多家庭摆脱了共居或不适当的居住空间。据估算，苏联的城市肌理中，80% 由预制建筑组成，赫鲁晓夫楼（Khrushchyovka）打算以发起该计划的总统名字命名：用一种非常粗糙的技术建造社会主义城市的巨大尝试，尽管如此，它仍然可以享受革命释放的大量土地，一代设计师在研究城市组织方面的坚定承诺，它们基于居民和服务设施之间可控的关系，这在很大程度上是通过功能分区和中高层建筑来实现。

——在东方国家的城市发展中，中国的城市已经被公认为具有重要地位，高层建筑的广泛使用几乎已经成为一种规则，很少有例外。它与高强度的土地使用类型结合，这种类型自从工业化早期资本主义所推动的欧洲大都市的形成以来似乎已经

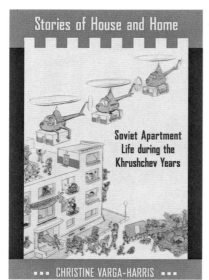

Christine Varga-Harris 的著作是近年来几部关于"苏联城市空间"转型和保护的作品之一，这是现代建筑师自由土地概念的结果

消失。在这一点上，即使与当代垂直贫民窟相比，20世纪后期的郊区也难以重获其失去的光环。欧洲城市的历史也许有必要重写，解放土地的概念虽然被粗暴地实施，但也减轻了大规模住房及强制性工业化的影响。

武汉：高层建筑街区的扩散取代了现有的社会住宅区

（左图）胡同的环境，包括小型住宅与狭窄的步行街巷

（下图）四川，历史建筑的改造和重组过程

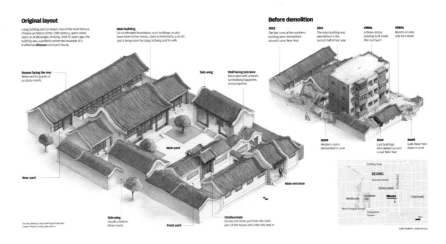

2009 年，在巴黎兵工厂展览馆展出的欧洲塔楼的起源与演化

高层建筑

"从 1929 年起，以土地为对象的有意识的实验，很快导致了对传统概念的放弃，建筑和按照抽象逻辑组织的道路系统结合，土地在其中失去了所有的现实性。现代主义运动的建筑师迷恋建造更高的建筑，不久就以系列、标准和规范之名取消了不同立面之间和不同楼层之间最后的差异。格罗皮乌斯'薄板建筑'（immeubles lamelliformes，1930～1931）的主张已宣告了大型住宅区空间类型的到来"。[32]

作者通过对法兰克福城市街区转变的评述，说明了建筑摆脱地面的负面影响，当高层建筑在欧洲成为建筑和城市意象的参照点时，上文这段表述几乎已无可避免。

2009 年，在巴黎军械库展览馆（Pavillon de l'Arsenal）展出的"欧洲塔楼的发明"，有助于我们追溯这段历史中最让我们关注的部分：多层建筑对区分了欧洲城市文化的土地观念的影响[33]。一方面，土地的解放与技术进步有关——勒·柯布西耶反对田园城市的争论，坚信只有将巴黎凯勒曼城堡（Bastion Kellermann）从对古代防御工事的投机性地块划分中拯救出来，将其改造成新的摩天大楼场地——并与高层建筑作为社会住宅最早的实验有关：鹿特丹的帕克兰（Parklaan，1933）和伯格波德（Bergpolder，1934），巴黎的德兰西（Drancy，1933），里昂的维勒班（Villeurbanne，1927～1934）。

另一方面，只有在二战之后，重建被轰炸的欧洲城市时，像法兰克福这样的城市中心接受大幅改变其天际线，人们才开始感受到与传统城市肌理的艰难共存，并在 1960 年代继续这条艰难路径，将文脉

维勒班，高层社会住房方案的最初例子，按照 Môrice Leroux 的方案建于法国，1936 年
宣传海报和鸟瞰图

El conjunto de rascacielos (Gratte-ciel), construidos entre 1928 y 1934 en Villeurbanne, en la periferia de la ciudad francesa de Lyon, constituyen una experiencia singular en el esfuerzo para la creación de asentamiento barrios residenciales a lo largo del primer tercio del siglo XX.

变成一种建筑，它们尺度巨大，外在于其环境。有两个著名的例子值得回顾，它们遵循不同的路径，以融入仍然是水平轮廓的城市，并以不同的方式被接受：

——米兰的维拉斯卡塔楼（Torre Velasca）于 1958 年完工，由于其近乎历史主义的语言而在意大利引起广泛的讨论。在总体规划中以一幢 26 层的建筑来大幅增加现有密度，可能被看作机会主义。罗杰斯认为："这座塔楼旨在从文化上总结米兰的城市氛围，其难以言喻又可感知的特征，而不复制其任何建筑语言……"。[34]

但在 1959 年 CIAM 的奥特洛会议上，罗杰斯将建筑展示给大家讨论，而他的英国与荷兰同事，不习惯意大利的某些微妙之处，他们首先看到的是对确立已久原则的背叛："意大利人从现代建筑中撤退"，R. 伯纳姆在当年 4 月写道。[35]

——位于伦敦的《经济学人》周刊总部（1964），史密森夫妇试图为伦敦高层

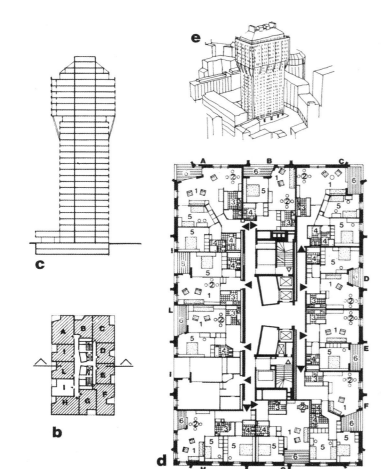

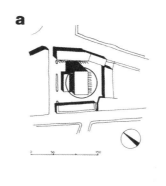

欧洲城市中心的高层建筑
维拉斯卡塔楼，BBPR 1958 年和
《经济学人》总部，1964 年

自 20 世纪末以来，摩天大楼成为主要的标志性建筑
（右一）里布斯金设计的罗马 Tor di Valle 街区
（右二）皮尔·卡丹在威尼斯泻湖的"光殿"

城市生活（右图）是米兰 Portello 地区的一个住宅和商业综合体，建在前博览会的用地上，包含多种建筑。2020 年最先完工的三幢摩天大楼由著名建筑师（矶崎新、里布斯金和哈迪德）设计

建筑 [36] 的可预测和不可避免的蔓延提出一个模型：一个基于建筑布局而非设计的模型，冷静而克制，将体量分成 4 层、8 层和 15 层三部分，并将最高的部分后退到圣詹姆斯街边缘，形成一个内部广场，一个俯瞰街道的平台延伸到建筑的底层。尽管这种冷静而可控的语言在 1990 年代 SOM 的修复中并没有完全得到尊重，但它后来成为时髦的伦敦的标志之一，被米开朗琪罗·安东尼奥尼（Michelangelo Antonioni）在 1966 年为《放大》（Blow Up）的最初镜头拍摄。

今天，关于高层建筑主题的呈现方式，甚至在饱受压力但仍没有高层建筑的意大利城市，其压力也来自 1960 年代的商务区和当前满足"签名"要求的摩天大楼，比如丹尼尔·里布斯金在罗马的 Tor di Valle 街区，皮尔·卡丹在威尼斯

即便是法兰克福的欧洲中央银行（右图）（ECB，蓝天组 2014 年设计），作为北欧财政紧缩的象征，也未逃脱明星建筑师标志性塔楼的做法

泻湖 245m 的卢米埃宫（Palais Lumière）。人们会忍不住从 1980 年代的规划原则以及重建时期的建筑研究中说起意大利的"撤退"。

在 1980 年代，似乎很明显，城市形态与城市土地是通过写入其历史的永久规则联在一起[37]；而在战后时期，与被摧毁的历史中心进行比较是不可避免的，尽管它们的保护原则还未明确。

如果我们将这一争论与大都市的逐步功能转型联系起来，与第三和第四经济部门的增长联系起来，对集中办公的需求与日俱增，它们将在高层建筑类型中找到最佳的运行机制，我们可以回想起萨斯基娅·萨森（Saskia Sassen）的评论，即大公司在城市规划领域实施的强有力的放松管制，是如何刺激高密度摩天大楼在全球城市中蔓延的。

Medina 地区（上图）Neave Brown 的最新项目（建成于 2003 年，埃因霍温），是高层与中高层建筑的结合，创造了一种高密度的城市肌理，有丰富的绿色空间

（左图）Sefano Boeri 的垂直森林，米兰城郊：介于有机建筑和绿色装饰之间

城市土地：从可用性到消耗

第二次世界大战之后，随着欧洲城市重建的开始，现代主义建筑师凭直觉和传播的自由以及不可划分土地的想法，尽管几乎没有付诸实践，但在理论上有一个无限的应用领域，其破坏程度前所未有。在很多地方，燃烧弹的使用已将北欧的中心城市夷为平地，尤其是德国城市的木框架

在 1937 年的巴黎世界博览会上，战争爆发前，勒·柯布西耶最后一次试图展示现代性议题

建筑，在决战之前就挨家挨户地完成使命。战争期间已经开始的重建计划，当时在理论上将激进的土地重组方案付诸实践，例如勒·柯布西耶在 1937 年 CIAM 的巴黎会议[38] 上不顾一切展示的"不卫生街区 6 号"，是塞纳省因卫生原因打算再开发的 17 个街区之一。介绍这个方案时他写道："对 6 号街区的研究表明，在 1938 年的今天，一个合理解决方案的实现，需要起草和实施新的土地条例，新的市政规则，新的运行方法（技术和财务上）"（《勒·柯布西耶全集》卷 3：1938-1942，46）。

所以，新土地法规的近乎触手可及，战后的某些理论提议，如伦敦的火星计划，表明现代主义建筑师在某种程度上将破坏视为城市和建筑全面更新的机会（"轰炸机是规划师最好的朋友"），但现实却大不相同。如果没有广泛的共识，人们无法想象用复杂的道路网络和地籍划分来彻底修改古城规划，而这种共识必须来自已经遭受暴力破坏创伤的居民，以及传统主义的管理者和建筑师，他们在很大程度上仍然压倒了 CIAM 的小分队。因此，除了在 1950 年代出版的现代建筑史广泛记

勒·柯布西耶为被战争摧毁的圣迪埃市重建绘制的草图，1945 年

录的许多例外，被摧毁的城市的重建很少尝试自由、景观性土地的现代构想，尽管它经常诉诸地块的重新划分。新的土地产权制度除了改善其功能外，并没有改变城市肌理。

21世纪最近几年，更新文化清楚地表明，古代城市规划作为历史留在地面上的痕迹，本身就应当被视为一种价值，失去它们和失去纪念性建筑一样严重（对于柏林，L.贝内沃洛曾写道："比其他任何修改更激进的是清除了历史地籍划分，用以在广大的中心城区插入新建筑街区"）。[39]

Neue Gebäude 1940-2001

1940~2001年间柏林中心城区的新建筑

（左下图）C.B.珀多姆（C.B. Purdom）1945年的《我们应如何重建伦敦？》书中的一幅漫画，让人想起关于伦敦重建和绿化带的争论
（右下图）对内城区两个各有8000居民的社区的研究（75%的居民住在2层的住宅中，25%的居民住在10层的公寓里）

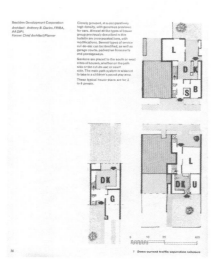

（上图和右上）Basildon 新城的住房，1948 年开始建造。在英国的新城镇中进行了最广泛和最严格的土地利用试验

（右图）大伦敦规划提出但从未实施的（Ongar）翁加尔新城鸟瞰。平面网络在 1961 年国际竞赛中由 Candilis、Josic 和 Woods 提出

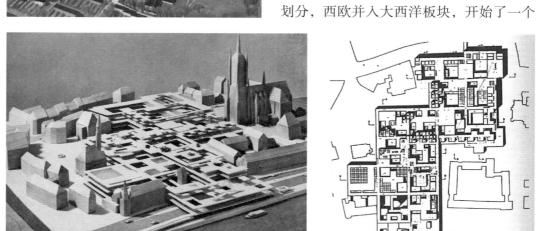

（右图）法兰克福 Römerberg 重建：总平面和模型

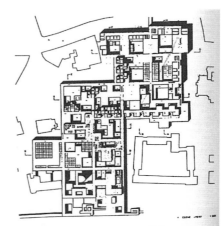

然而，评估欧洲一些城市重建的成果不应先入为主，承认在试图消灭它们的地方恢复城市生活已达到前所未有的规模，这需要极大的投入，以至于我们当代社会可能无法复制，尽管与战后疲惫不堪的欧洲相比，我们拥有无穷的手段。想一想当前重建被中东战争摧毁的摩苏尔那样的老城面临的困难，甚至最近遭受地震影响的意大利南部地区。

毕竟，即使战后 CIAM 在布里奇沃特（Bridgwater，1947）和贝加莫（Bergamo，1953）这两个远离大都市紧张局势的次要历史中心举行的会议，也提出了新的议题：与古代城市相比，按照《雅典宪章》原则设计城市的抽象性。在两次世界大战之间，人们想象的现代城市可能被证明是"无情的"（1949 年 CIAM 贝加莫会议："我们城市的情感，是为了更人性化的社区生活"），这种怀疑是一种自我批评，但或许也是对重建进展如何的观察：随着世界政治新的划分，西欧并入大西洋板块，开始了一个

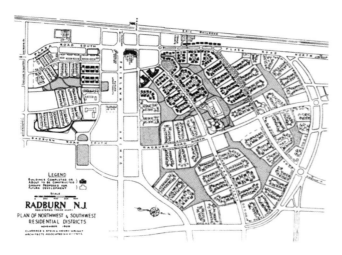

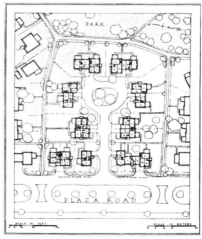

拉德伯恩平面布局，20世纪初英国围合形式的美国变体，1960年代又重返欧洲，用以控制住宅区的交通和停车

前所未有的增长时期，此时随着CIAM的危机，现代主义建筑师的团体似乎也相当无组织。

然而，城市的发展必须寻求新的模式，土地使用将彻底改变，这一思想并没有被放弃。在1950年代到1970年代，英国受到了极大的关注，一方面，工业世界的第一个无尽延伸的大都市最终被一条7~10英里宽的农业用地带打断，比市区面积大三倍（预示了一种城市—乡村关系的高度暗示性意象而被人们模仿，近来又在环境问题的压力下在法兰克福、慕尼黑、巴黎、米兰和都灵重新唤醒）；另一方面，一个新城项目的启动是一项真正的实验，在田园城市理念的启发下，人们对城市与土地的关系及其无尽的变化进行了非常详细的研究。

新城镇诞生于这一传统中，受到现代主义建筑师（及其代言人杂志《建筑评论》）的公开批评，认为它们是一种省级郊区乌托邦的产物[40]，并不完全理解它们试图在新的

"分散的城市化"形式中控制其去中心化的过程，新城镇可能是土地使用原则和住宅设计的试验田，尤其想要避免那些放弃独立住宅而让位于汽车暴政的倾向。

这一假设的一个证明是1978年出版的一本著名的《大伦敦议会手册：住宅布

Pampus方案中阿姆斯特丹在艾瑟尔湖（Ijsselmeer）中的线性增长，1965年

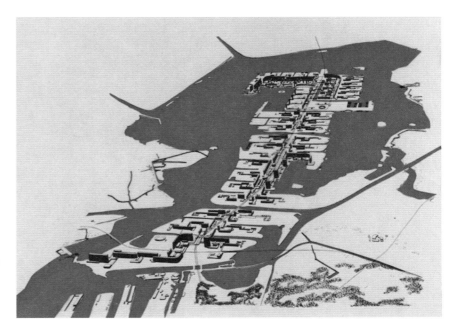

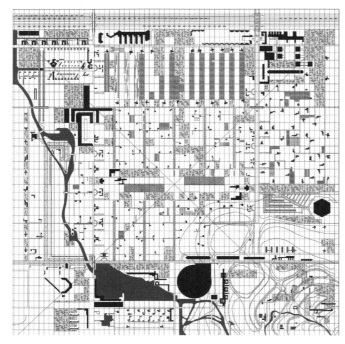

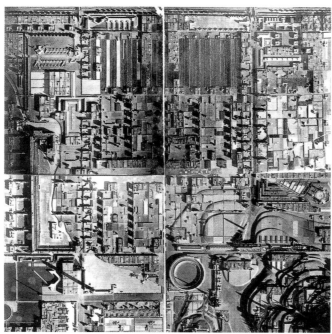

广亩城市平面图与模型，F. L. 赖特，1936 年。分散布局的住宅显著而有
规划，与规整的场地设计相平衡，遵循多轴模式，轴线中插入了许多公
共建筑

局导论》，当时趋势已然改变，随着米尔
顿·凯恩斯规划的实施，洛杉矶的交通模
式已经开始移植到英国的环境中。在那里，
美国的几何格网顺应了场地形态，占据了
很大一部分乡村，并可向周边扩展[41]。米
尔顿·凯恩斯最初的成功还得益于公共融
资过程，国家通过一项特殊的法律，可以
借给公司所需的资金，以农业价格购买土
地，并在完成城市基础设施建设后转售
（贝内沃洛在若干场合描述过这种"现代"
城市化模式）。

然而，值得注意的是，在第一期建设
之后，公共低层建筑均衡地融入了起伏的
乡村景观，最近由私人投资者主导的密集
而大规模的城市化，将建造过程转向了大
都市化，从而失去了与景观的原始关系。
肯尼思·弗兰姆普敦比较了米尔顿·凯恩斯
和"广亩城市"（Broadacre City）（另一个
有规划的分散城市的伟大现代"模型"），
强调了格网的作用，格网是任何土地有计
划地细分并赋予场所识别性的卓越工具：与
广亩城市相比，米尔顿·凯恩斯的空间尽管
也是分散的，但在实现等级和确定性的能
力方面是模糊的[42]。正是由于其更大的灵活
性和均质性（今天我们称之为多孔性），米
尔顿·凯恩斯的规划无法规定场所的特征。
随着对开放的行列式布局结果的严厉批评，
以"自由土地"名义所做的一切有可能获得
积极评价的历史周期结束了。

几十年来，推动建筑研究与实验的现

代空间概念——C. 范·埃斯特伦(Cornelis van Eesteren)在成为 1935 年阿姆斯特丹规划的负责人之前，和 T. 范多斯伯格一起是风格派艺术运动的创始人之一[43]——与被建筑物限定和围合的前现代城市空间相比，已不再受欢迎。同时，城市规划和环保主义文化对土地占用发出了强烈警报。城市与景观组合的概念实际上是勒·柯布西耶（他说"我虚无缥缈地写道"）凭直觉神秘兮兮地提出的，从未经受试验，除了未完成的昌迪加尔国会大厦；虽然文森特·斯科利（ Vincent Scully ）1962 年的文章《大地、神庙和众神》（*The earth, the temple and The gods, Greek Sacred Architecture*）为这一理念留有空间，通过现场研究古希腊圣所，景观的视觉在场确保了超自然现象的无处不在。[44]

对大规模社会住宅的批评始于 20 世纪最后 30 年，批判目标是它的类型学和建造方法。然而，土地使用模式也包含在内：开放的公共空间被认为太大而不受欢迎，越来越多地被车辆占用，成为空地，缺乏个性与趣味。

扩大建筑尺度和干预规模的趋势首先受到指责，其代表性证据是 1970 年代的三个新开发项目：图卢兹的 Le Mirail（800hm^2 带空中连廊的住宅，居住着 10 万居民）；阿姆斯特丹的 Bijlmemeer（2500hm^2，10 万居民，全部在 10 层连廊公寓）和柏林的 Märkisches Viertel（280hm^2，5 万居民，聚集在多层公寓中）。由当时著名的建筑师设计，开始抱有巨大的期望，甚至在完工之前就以被人们当作驱逐出境的地方而告终。在意大利，虽然规模较小，我们还是可以提及罗马的 Corviale，那不勒斯的 "Vele" 和的里雅斯特的 Rozzol Melara。

当现代城市规划开始被认为是体量的

米尔顿·凯恩斯中心，其总体规划由建筑师 D. 沃克（ Derek Walker ）于 1970 年指导的团队开发的，如《建筑设计》杂志 1974 年第 8 期封面所示

CENTRAL MILTON KEYNES

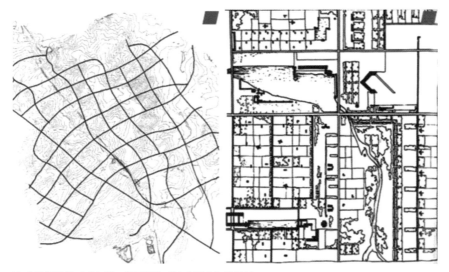

K. 弗兰姆普敦对米尔顿·凯恩斯和"广亩城市"的比较

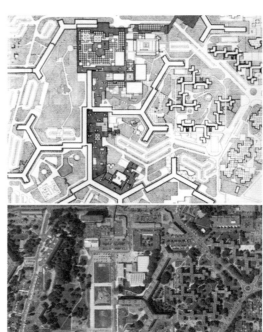

图卢兹市可容纳 3 万居民的城市开发
（右上）突出与城市关系的最初规划与部分建筑物拆除后的
鸟瞰图的比较
（右下）拆除前后的绿色空间视图

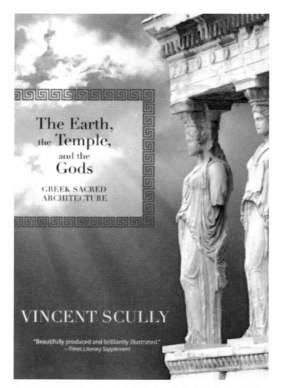

文森特·斯科利 1962 年出版的关于古希腊地景和圣所的
文章

集合而不是空间的组成时[45]，关于最近城市发展令人担忧的占地数据开始广为传播。实际上，土地消耗在很大程度上来自生产活动的发展及其所需的基础设施，只有部分来自新城郊的增长。古代技术产业聚集在河流沿线和采矿盆地内部，对自然景观产生了启示性但有限的改变，与它们不同，当代物品生产、仓储和运输的"干净"组合可以布置在任何地方，无限扩展，与农业和郊区住宅并存。"自由土地"的文化被认为是保证所有人享有的共同利益，但它本身并没有抗体来面对这种状况，即土地从一种用于再分配的利益迅速变成一种需要拯救的资源。

在 1960 年丹下健三（Kenzo Tange）发布的东京规划之后，现代主义将技术

Le Vele 是那不勒斯北部（Scampia）的一个大型公共住房开发项目，由 7 个住宅单元组成，由 F. 迪·萨尔沃（F. Di Salvo）从 1968 年开始设计，一边建造一边修改到 1980 年。1980 年代随着无数的修复项目，居民的问题也开始显现，1990 年代后期开始拆除了部分建筑
拆除前的 Le Vele

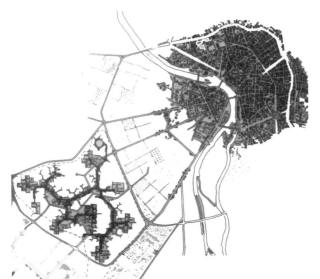

历史城市图卢兹的新开发（Le Mirail）

Vele di Scampia（2016）的修复规划规定，拆除航拍照片中底部的两座建筑，同一张照片中顶部的建筑已经拆除后，对 Vela B 进行改造中（航拍图中从上往下第二栋），此外还将重新设计了绿地和停车位

"Corviale"是罗马的一座公共住宅建筑，长 1km，有 4500 名居民，由 M. 菲奥伦蒂诺（M. Fiorentino）的团队于 1972 年设计。如今受到再开发计划的影响，建筑已衰败

城市乌托邦推向了极致，这一现代主义的最新分支在很大程度上也证明了这种文化上的欠缺。意大利城市规划师 L. 埃拉尔迪（Luigi Airaldi）将这种亚洲大都市在其海湾中的扩张称为"海域细分"（lottizzazione del mare），虽然其目的是阻止城市在陆地无节制扩张，但似乎并不是恢复自然条件的最佳方式。事实上，建筑物下面的地面标高很高，支撑在装有电梯和设备的空心柱上，看起来更像是天外来物，而不是现代主义起源时所承诺的地面花园。后来的乌托邦（新陈代谢主义者、阿基格拉姆、激进分子）从一开始就被认为是绝对不会实现的情况下构想出来：他们的信息针对的是文化和政治争论，那里几乎没有听众，而他们的形象非常成功，在时尚和设计等快速扩张领域无休止地扩散和复制。最终，在自然景观中自由组合的未来城市愿景，需要广大的公共土地所有权和地籍重构计划，但缺乏足够的规划和管理技能。大部分重建工作糟糕透顶，以至于将新的城市部分迅速转变为问题重重、衰败不堪和支离破碎的"郊区"，成为一个需要特别规划和设计的行动区域。

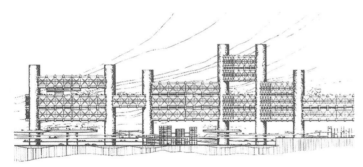

在新陈代谢派的乌托邦视野中，地面是一个为了新的巨型结构而需要飞离的外星球

（右图）矶崎新在与丹下健三合作时研究了将建筑从地面升起的圆柱形结构

（下图）矶崎新，新宿的空中城市，1961～2011 年

Utopia, Abandoned

The Italian town Ivrea was once a model for workers'
rights and progressive design. Now, it's both a cautionary
tale and evidence of a grand experiment in making labor
humane.

伊夫雷亚（Ivrea）控制性规划及
其实施
（上图）《纽约时报》2018 年 8 月
28 日关于奥利维蒂创新实验的文
章，标题为《被放弃的乌托邦》
（下左）Canton Vesco 地区的住宅建
筑（建筑师 Fiocchi 和 Nizzoli，1952）
（下中）奥利维蒂综合体平面，包
含生产性建筑和住宅区的关系
（下右）奥利维蒂综合体及其现代
扩建（L.Figini，G.Pollini，A.Fiocchi
和 G.Boschetti，1939 ~ 1957）

意大利案例：历史中心保护和土地保护

在第二次世界大战后欧洲重建的背景下，意大利建筑界因其理论地位和重建举措引起了国际关注。[46]

这种文化氛围的早期信号是对现代性原则的批判性回顾，一些意大利建筑师开始试图将它们与历史环境的保护联系起来。[47]

即使是在 1950 年代的第一个公共住宅项目中，缓冲新工人阶级城市化创伤的社会目标，也通过功能性和人们熟悉的（极简主义）建筑来表达，直到这十年结束。

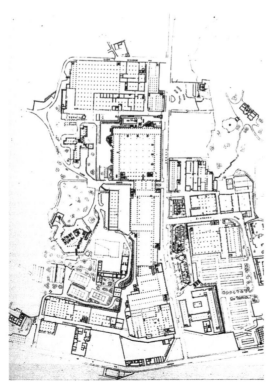

而后来，在 1970 年代早期，意大利的城市规划因其处理建成遗产保护的典范方式而受赞誉。博洛尼亚历史中心规划是发展阶段设想的一个先兆性例子，后来成为广为传播的范例，启发了 1970 年代和 1980 年代国家和地区的立法，并发展出一种被其他国家认可和应用的城市更新方法。

沿着这条路线，意大利类型学派也在欧洲传统主义建筑运动中脱颖而出[48]。保留地籍总平面是博洛尼亚历史中心规划和类型学派共有的特点，我们将在专门讨论城市发展下一阶段的章节中看到。

但是，尽管人们关注建成遗产保护并解释其传统——将现代性视为一种相反的趋势——土地问题通常被忽视，意大利的历史地景遭到很大程度的破坏，以至于贝内沃洛将其不可逆转的损失比作第二次世界大战空袭对德国城市的破坏。

值得注意的是，在意大利，乡村先于其他国家被视为一种地景，一种"历史性的地域花园"。E. 塞雷尼（Emilio Sereni）著名的《意大利农业景观史》（*Storia del Paesaggio Agrario Italiano*，Laterza，Bari

COLLEGI UNIVERSITARI
DI URBINO
PLANIMETRIA GENERALE

A
B   NUCLEI RESIDENZIALI
C
D   (costruito nel 1983)
E   ANTICO CONVENTO: AMMINISTRAZIONE
     FORESTERIA E SERVIZI
aS ATTREZZATURE SPORTIVE
f   STRADE DI EMERGENZA

乌尔比诺（Urbino）大学学院的总体规划和视图，1962～1983 年间由 G. 德卡洛（Giancarlo De Carlo）设计建造

奥利维蒂的 Pozzuoli 工厂，建筑师：
L.Cosenza，1951～1954 年
（右图）一个工业建筑植入景观的
例子

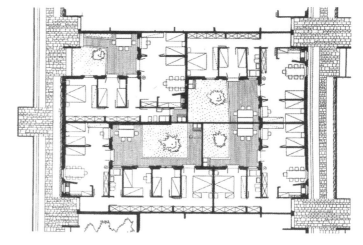

罗马，Tuscolano 地区
（上图）A. 里贝拉（Adalberto Libera）设计的水平住宅，建于 1950～1954 年，是更大的 INA-Casa 项目（建筑师 S. Muratori 和 M. De Renzi）的一部分。现
在有几栋建筑已经发生了很大的变化，但中心绿地保持了原来的特点

博洛尼亚的 INA-Casa Cavedone 地区（建筑师 F. Gorio 团队，1960）

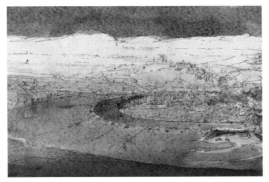

1961）开创了一个新的研究领域，但诸如此类的分析对设计实践的影响非常缓慢。

　　建筑学和城市规划的历史证明，人们从未放弃过提高地租的先决条件，即使在 1962 年中左翼政治转变之后；工会为争取更好的社会住房的示威游行毫无用处，最终导致了 1969 年 11 月的大罢工。而且在 1970 年代和 1980 年代，市政当局终于能以较低的价格购买土地，并建立自己的公共用地存量，指导性的区划和场地规划也被普遍接受（标志着从早期最好的管理案例 INA-Casa[1] 中迈出了坚实的一步），其结果是将新道路、功能分区和建筑地块的抽象和自信模式叠加到现有的城市居民点、农业区域和自然结构网络中。这并不完全是一次土地解放，[49] 而是为了预期的用途和经济的剥夺而使其丧失特征和价值，最终导致将土地视为建造活动的支撑，矛盾地扭转了"现代"的概念，并将公共、

伊夫雷亚西部住宅区（建筑师 Gabetti 和 Isola，1969～1971），Gabetti 和 Isola 经常研究使用泥土作为建筑材料
（上图）方案草图
（左图）透视图

阿尔巴（Alba）法院（建筑师 Gabetti 和 Isola，1982～1989）

E. 塞雷尼，《意大利农业景观史》，Laterza，巴里，1961 年

非建设空间降格为边缘角色。

　　此外，即使保护意大利地景基本的自然和人工价值这一主题早已被最有文化的管理者、城市规划师和建筑师所感受到，他们仍将注意力集中于城市中心的文脉上，将现代建筑融入历史肌理中，他们的投入和效率比致力于解决城市增长的巨大问题要高得多。[50]

　　这并不意味着土地的价值不可能得到

[1]　INA-Casa，第二次世界大战后意大利政府建造公共住房的干预计划，于 1949～1963 年生效，由国家保险协会（INA）的一个特殊组织 INA-Casa Management 管理可用资金。——译者注

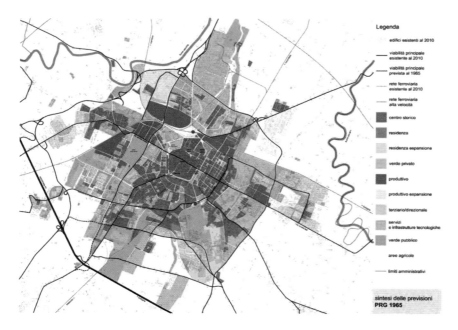

Legenda

edifici esistenti al 2010

viabilità principale esistente al 2010

viabilità principale prevista al 1965

rete ferroviaria esistente al 2010

rete ferroviaria alta velocità

centro storico

residenza

residenza espansione

verde privato

produttivo

produttivo espansione

terziario/direzionale

servizi e infrastrutture tecnologiche

verde pubblico

aree agricole

limiti amministrativi

sintesi delle previsioni
PRG 1965

摩德纳（Modena）控制性规划（G. Campos Venuti 和 O. Piacentini, 1965）

佛罗伦萨，1962 年，E. Detti 的控制性规划局部：围绕城市东部和南部的山地作为绿带细致保护

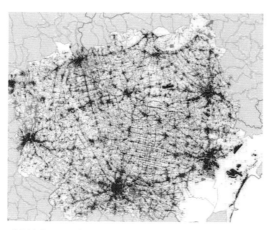

威内托（Veneto）地区 1970～2007 年的分散城市化进程

认可：从伊夫雷亚（Ivrea）的规划开始，工业居民点均衡分布于地景之中，因此该镇在 2018 年被联合国教科文组织列入"20世纪的工业城市"；到佛罗伦萨 1962 年的控制性规划，"艰苦地拯救了"世界闻名的山地，并使新的区划适应历史地景。但总的来说，通往公共城市规划的意大利之路——如贝内沃洛给的定义，为获取建筑土地想出的临时解决方案没有参与全面的立法改革——在很大程度上未能实现其宣布的目标，即在不改变历史景观的条件下实现工业的重新布局、新公共住宅的建设和基础设施现代化。

即使是城市管理者和建筑师致力于场地规划的承诺（由国家城市法规定）也不足以促进与土地结构的一致性。自 1971 年以来，社会住宅公共场地的规划在全国各地采用，主要是追求类型和技术质量，几乎不关心景观和地域价值。[51]

这与早期的公共住宅计划和那些最受赞誉的项目、真实的紧凑城市实验、城市布局等有显著的质量差异，没有足够的力量来影响城市边缘的景观，以至于贝内沃洛借用 C. E. 加达（Carlo Emilio Gadda）的小说《痛苦的认知》（La Cognizione del Dolore）中对布里安萨（Brianza）的讽刺性描述来表达这一戏剧性的事态。

随着时间的推移，景观保护和地域遗产的主题丰富了城市规划师的视野，也发展了他们关于城市规划的思想，把关于土地和规划概念推进到远远超出最初的简单前提。这导致了第一阶段更仔细的区划调整，以适应场所的历史环境特征。

但直到 1980 年代，作为反对城市修复与增长的新文化的一部分，非城市化的土地才开始被认为是一种稀缺资源，无论其用途如何（农地、林地或弃置地）都不应被浪费。

城市规划文化对如此大规模的增长过程（在任何情况下都难以阻止，而且是在全球范围内）毫无准备，因而受到了环境保护主义的警告。这一阶段的发生与传统城市增长及其意象的危机相交织，取而代之的是城市化进程，它分解和扩散了不同方面的问题（如"无序蔓延"）需要一个新的概念和操作框架。

C. 斯卡帕（Carlo Scarpa）1961～1963 年修复的 Querini Stampalia 宫的建筑与威尼斯泻湖的关系

Zen 地区社会住房的紧凑布局，建于 1980 年代初，基于 Gregotti 事务所 1969 年的设计，位于巴勒莫城市外围

注释

1　Le Corbusier, *La Charte d'Athenes*, Editions de Minuit 1957, p. 115. Before this edition, Le Corbusier published the Charter anonymously in 1941 as the conclusion of Ciam 1933. In explicit form, Max Bill, in the presentation written in 1938 for the third volume of Le Corbusier's *Œuvre complète 1934-1938* (p. 8), confirms that without the resolution of the land problem the projects of the ideal city of LC will remain suspended in the void.

2　L. Benevolo, *L'architettura nel nuovo millennio*, Laterza, Bari 2006, p. 10 et al.

3　P. Sica, *Storia dell'urbanistica III, 1. Il Novecento*, Bari 1978, p. 45.

4　See the Tcpa web site: https://www.tcpa.org.uk/

5　In the continuation of this essay, we shall try, whenever possible, to show that several urban plans conceived during the first fifteen years of the XX century tried, more or less, to evolve the academic tradition of aesthetic multi-axial planning toward a landscape-conscious approach. In this field, Le Corbusier made a sort of tabula rasa writing, in 1925, the second chapter of *Vers une Architecture*: "L'illusion des plans", where he pronounced a conviction without appeal of the distorted academic use of axial wives pursued by his academic contemporaries who simply could not understand that man sees with his eyes at 1,70 m from the ground and were so condemned to the vanity of megalomaniac abstract compositions.

6　«Unwin began a lecture on tall building by a reference to a controversy that had profoundly moved the theological world of its day, namely, how many angels could stand on a needle point. His method of confounding the urban theologians by whom he was surrounded was to measure out the space required in the streets and sidewalks by people and cars generated by 5-, 10- and 20-storey buildings on a identical site» from Leslie Martin, "The grid as a generator", in L. Martin and L. March, *Urban Space and Structures*, Cambridge 1972, pp. 6-27.

7　Published in Italian by Il Saggiatore in 1971, with the title *La pratica della progettazione urbana* and a presentation by Giancarlo De Carlo, director of the series Structure and urban form, which underlined its pragmatism: «The methodological proposals and experimental references are frozen in a normative case study, selected with the aim of not provoking too sharp discontinuities with the systems of values of the operators to whom the proposals and references were addressed».

8　Mark Swenarton has reconstructed this story in the book: ***Cook's Camden, The Making of Modern Housing***, Lund Humphries 2017.

9　John Hix, The Glasshouse, Mit Press 1974, republished several times by Phaidon Press. The experiment of "maximum space house" was presented by John Hix also in an article of ***Architectural Design*** no. 3/1970, where he asserted that the model of a partly self-built glass-house, assembled from available industrial components, not necessarily from the housing market, was a way to speed the evolution of social housing standards, still stuck at values and criteria established long before by the Parker Morris report. (Department of the Environment, *Homes for today and tomorrow*, Hmso 1961). It is perhaps the case to remind that the Smithson were equally radical and unconventional in 1959 designing Upper Lawn their holiday cottage in northern England, as a solar pavillion, almost without furniture, built with *balloon frame* to get, by their own means, the transparency to the landscape that Mies attained in Usa with most advanced technologies.

10　This phase of Viennese social housing between the two wars is described in chapter 3 ("Learning to Live 1919-1923") of the essay by Eve Blau *The Architecture of Red Vienna 1919-1934*, Mit Press 1999.

11　Meta Berghauser Pont & Per Haupt, "The Spacemate, Density and the Typomorphology of the Urban Fabric", *Nordic Journal of Architectural Research*, 2005:4. Enlarged and republished as eBook: *Spacematrix, space, density and urban form*, nai010 publishers 2021.

12　Sar 73, *Het Metodish Formuleren van Afspraken bij het Ontwerpen van Weefsels*, Eindhoven 1973.

13　W.T. Duyff, K.W. van der Lee, "Huisje, Boompje, Beestje", in *Algemeen Uitbreidingsplan Amsterdam 50 Jaar*, Den Haag 1985, pp. 145-172. In addition to the plans and aerial photos, the authors compare the use of the land using a diagram in which gross floor area is represented as a percentage of the territorial area: a way to assess the settlement capacity taking into account the layout.

14　See note no. 7.

15　The death of 88-year Neave Brown, in January 2018, has rekindled in many the interest for the work and life of this extraordinary architect, after years of relative silence interrupted four months before his death when he received, with scandalous delay, the RIba Gold Medal. Among the writings that recalled him, in addition to the aforementioned book on Camden (note 18) one can find an article by Elain Harwood in *The Architect's Journal* of January 23, 1918: "Obituary: Neave Brown (1929-2018)", and a previous interview with Oliver Wainwright ("I'm dumbfounded! ... Neave Brown on bagging an award for the building that killed his career") in the Guardian of 6.10.2017.

16　Ph. Panerai, J. Castex, J-C. Depaule, *Formes urbaines de l'îlot à la barre*, Dunod, Paris, 1977.

17　In 1995 Pavillon de l'Arsenal hosted in Paris an exhibition, *Paris s'exporte*, accompanied by a catalog by A. Lortie; both exhibition and catalog illustrated the urban and architectural influences of Paris planning in the world; as regards the plans of large cities, the cases of Rio de Janeiro, Cairo, New Delhi, Buenos Aires and Chicago are highlighted.

18　It is against this type of plan that Le Corbusier's proposals should be seen, published as sketches in the second volume of Œuvre Complète, where a way of dealing with the landscape based on concentration, and on what will later be called 'macro-structures', was affirmed.

19　S. Magri, C. Topalov, "De la cité-jardin à la ville rationalisée. Un tournant du projet réformateur 1905-1925 dans quatre pays", R*evue française de sociologie*, 1987, **28-3**, pp. **417-451**. Moreover, this change also affects England, where R. Unwin proposed the garden suburb model as a planned form of decentralized urban growth opposed to the monocentric model.

20 However, the exchange between the two experiences worked in both directions. Howard lived in Chicago in 1870, and became interested in American poets inspired by a passion for nature like W. Whitman and R.W Emerson.

21 Among the various publications on the life and work of Walter Griffin and Marion Mahony *Grand obsession, the life and work of Walter Burley Griffin and Marion Mahony Griffin*, by Alasdair McGregor, Penguin Books 2009, exposes the complex events of this plan considered by the authors, after the unexpected victory, as the work of their life, to the point of moving to Australia to be able to follow its implementation among many difficulties. The fundamental role of the views designed by Marion like the perspective from Mount Ainslie and the territorial section centered on the parliament building is correctly underlined.

22 We owe to Leonardo Benevolo (*La cattura dell'infinito*, Bari 1991 pp.99-101) the reporting of this work as an appropriate interpretation of how the Griffin family faced town design, while in Jellicoes' book *The Landscape of Man*, 1995 3rd ed., the building is carefully commented and redesigned, (page 384) without mentioning the Griffin's plan which was somehow its generator.

23 After Residenziale Ovest (Ivrea 1969-74), welcomed with great success, but also considered at the time a unique and unrepeatable episode, Gabetti & Isola did not interrupt their work on buildings integrated into the ground to solve complex design themes referring to landscape, ground and artefacts that transform them. Fiat headquarters in Candiolo (1973), with a diameter of one kilometer, clearly refer to motorway junctions. Studies for tourist residences in 1975 in Val d'Aosta and on the Island of Elba (the latter built in Bagnaia village) refer to the agricultural terraces supported by walls, such as the Judicial Offices of Alba (1982), a green island in the anonymous space of entrance to the city. Finally, in the competition project for the conversion of the former Bicocca factory in Milan (1986) they can quote themselves by proposing a roofing that comes from a critical observation of the spaces […] carried out in the ways of an architectural culture sensitive to the geography of places. In 1998, the new library of the Delft Technische Universiteit was also added to this type of buildings. It is a work of the Dutch firm Mecanoo, which has a large, walkable sloping lawn as a roofing and spectacularly echoes the theme of earthen architecture. Since then the buildings that try to fit into the (natural) context have multiplied, using the garden roof of lecorbusian origin in a practice that is not always appropriate.

24 Le Corbusier, *La Ville Radieuse*, Éditions de l'Architecture d'Aujourd'hui, Collection de l'équipement de la civilisation machiniste, Boulogne-sur-Seine, 1935.

25 It is also the most criticized; to the point of charging Le Corbusier with a kind of moral responsibility for what has been done all over the world with high-rise buildings; as Richard Sennett does, in his book *Building and dwelling, ethics for the city*, 2018, where Plan Voisin, is again seen, almost 100 years later, as the model of the policy used in the Usa to concentrate and segregate the poor.

26 Less known and much more technical was the vertical city by Ludwig Hilberseimer, a 1924 theoretical project published in *Großstadt Architektur*, 1927. Some of his principles were applied in the project for Lafayette Park in Detroit, built between 1955 and 1963 and based on a pioneering program for urban renewal and social housing addressed to automotive industry workers by the Federal Housing Administration. The plan reflects the ideas that Hilberseimer had matured after emigrating to the Usa, although it is best known for the architecture of Mies van der Rohe. *Großstadt Architektur* was published in Italian by Clean, Naples in 1998.

27 Part of a long comment that is quoted in full on page 539 of Giovanni Fanelli, *Architettura edilizia urbanistica, Olanda 1917/1940*, Firenze 1978.

28 Alec Luhn, "Story of cities # 20: the secret history of Magnitogorsk, Russia's steel city", *The Guardian International Edition*, April 12 2016.

29 In the following period, therefore, an idea of a socialist space similar to that proposed by the Modern Movement was affirmed; that experience was interrupted in the early 30s, by the will of Stalin, the space of the traditional city made up of blocks and Moscow as a model were imposed; in '54 Krushchev, launching the vast program of housing industrialization, again leaned against a model of settlement which, albeit with more modest architectures than those of the heroic period, returned to give importance to continuous and fluid public land; see C.E. Crawford, *The case to save socialist space*, Routledge Research Companion to Landscape Architecture, Routledge, London and New York, 2019.

30 Ph. Panerai, J. Castex, J-C. Depaule, *Formes urbaines: de l'îlot à la barre*, cit.

31 See among other text: Helma Hellinga, The General Expansion Plan of Amsterdam, in Het Nieuwe Bouwen, Amsterdam 1920 – 1960, Delft University Press 1983, p. 52.

32 Ph. Panerai, J.Castex, J-C. Depaule, **Formes urbaines de l'îlot à la barre**, Dunod, Paris, 1977, p.137.

33 This exhibition, which took place from May 14th to October 19th, 2009, retraced the history of the European tower through more than 150 realizations and emblematic projects. Catalog, edited by Ingrid Taillandier, Olivier Namias and Jean-François Pousse, on the Pavillon de l'Arsenal website.

34 Actually it reproposes the profile of Filarete's tower of Castello Sforzesco.

35 *Architectural Review*, no. 754, April 1958.

36 Perhaps inevitable in its essence because, since the beginning of the century even in Europe there are no larger cities without skyscrapers (Rome is still an exception), but certainly unexpected in its form. Who could have foreseen that someone would resume building on the street without limits of height, like in the celebrated Shard by Renzo Piano?

37 G. Beltrame, "La favoletta del grattacielo che fa risparmiare suolo", *Eddyburg*, 8.3.2011.

38 The 5th Ciam on the theme Logis et loisirs was held in 1937, at the International Exhibition of Paris (Arts et Techniques appliquées à la Vie moderne) in a geopolitical climate of increasing tensions. The triumph of Nazism in Germany and of Stalinism in the Ussr, symbolically represented by the national pavilions of Albert Speer and Boris Iofan, had begun to disperse modern architects: Bauhaus was closed, Gropius had fled to the Usa where Mies

made his first trip; the brigade of Ernst May was dissolved and he had to emigrate to Africa while Stam returned to the Netherlands. Only J. L. Sert's pavilion for the Spanish Republic, not yet fallen, where *Guernica* was exhibited, and the French Pavillon de *Temps Nouveaux* (France was then ruled by Front Populaire) where Le Corbusier built the envelope – a kind of tensile structure – and designed the exhibition itinerary, managed to avoid this climate. Regarding this and the 15th congress of the International Federation for Housing and Town Planning (Ifhtp) which was held in the same place shortly thereafter, see Corinne Jaquand, "The Town Planning congresses at the Paris International Exhibition of 1937. Ultimate encounters", in *The 18th International Planning History Society Conference*, Yokohama, July 2018.

39 Leonardo Benevolo, *L'architettura nel Nuovo Millennio*, Bari 2006, p. 253.

40 Among the most recent contributions to the hitory of that period see: Lorenza Pavesi, *Ian Nairn, Townscape and the Campaign Against Subutopia*, http://digitalcommons.calpoly.edu/focus/vol10/iss1/28.

41 P. Barkham, "Story of cities # 34: the struggle for the soul of Milton Keynes", *The Guardian International Edition*, 3 May 2016.

42 "Modern Architecture and the Critical Present: Kenneth Frampton", *Architectural Design*, 52, 7/8, 1982.

43 The museum dedicated to Cornelis van Eesteren (www.vaneesterenmuseum.nl) has, since 2017, a new pavilion in front of the Sloterplas lake where it carries out several documentation and dissemination activities on modern architecture in the Netherlands, during the '50s and '60s when the realization of the plan was started and completed.

44 With his direct, personal and experimental reading of numerous Greek sanctuaries, Scully had argued that the layout of the temples, without obvious geometric rules, was pursued and calibrated to frame places sacred to gods. Thirtyfour years earlier, in the third edition of *Vers une Architecture*, Le Corbusier had written under a plan of the acropolis taken from the *Histoire de l'architecture* by A. Choisy: «Le désordre apparent du plan ne peut tromper quei le profane. L'équilibre n'est pas mesquin. Il est déterminé par le payage fameux qui s'étend du Pirée au Mont Pentélique. Le plan est conçu pour une vision lointaine: les axes suivent la vallée et les fausses équerres sont des habilités du grand metteur en scène. L'Acropole sur son rocher et ses murs de soutènement est vue de loin, d'un bloc. Ses édifices se massent dans l'incidence de leurs plans multiples».

45 Rob Krier, *Stadtraum in Theorie und Praxis*, Stuttgard 1975.

46 For a general, sharp review of the italian architecture of the period, see the book by C. Melograni, *Architetture nell'Italia della ricostruzione*, Roma 2015.

47 At Ciam 1959 in Otterlo, De Carlo had taken a controversial and not aligned position to the official line, presenting a project expressed in an architectural language attentive to local history.

48 The school was established in the70s and became internationally known also through its association with ISUF (International Studies on Urban Form).

49 J. Lucan, "Il terreno dell'architettura. La liberazione del suolo e il ritorno all'acropoli", *Lotus*, no. 36, 1982.

50 The most gifted Italian designers gave proof of their skill in inserting new buildings in historic centres, but «were not as talented in inserting historic centres into the organism of a modern city», wrote Carlo Melograni (*op. cit.*, p. 156); nor (we can add) in designing new developments as parts of a new city. This was also due to the fact public housing was built at distance from the old centres because of the cost of land, causing several unresolved problems.

51 P. Di Biagi, "La periferia pubblica", in *Eupolis. La riqualificazione delle città in Europa* by A. Clementi, F. Perego, vol. I, Laterza, Bari 1980.

专题 1 密度

密度，主要是工人阶级住宅区的密度，是 20 世纪初改革派的一个关键议题，与当时构想和宣传的城市规划与建筑中新的城市土地概念紧密交织在一起。它最初是由田园城市运动提出，旨在创造一种更轻巧、更柔和的城市化类型，同时也可以依赖新的大都市公共交通。田园城市规划最重要的理论家雷蒙德·昂温的著作源于他对那个时代的建筑法规所产生的错误住宅密度的批评，该法规规定了建筑物之间的距离以及街道和庭院的最小宽度。

他反对这种制度，认为它只会制造越来越多的单调和重复，延续伦敦和其他英国大城市的无情发展，永无止境，让参观者和专业人士感到震惊和担忧。他毫不怀疑降低密度的必要性，并开始证明采用更合适的城市肌理模式不一定会带来更高的城市化成本：相反，它可以降低成本，为他在《城镇规划实践》中提出的更广阔多样的城市设计方案开辟了道路，并列举了大量例子。出于这个原因，他建议废除以基于非建设空间最小尺寸的旧细则（目前的建筑法规仍在使用），采用两个新的参数：住宅密度（以每英亩住宅为单位）和城市基础设施（街道、开放空间、基本服务设施）的成本。由于他的英国背景，昂温总是将住宅区设计视为建在许多独立地块上的独户住宅。

顺便说一下，在两次世界大战期间，这种看法导致了对田园城市模式相当无趣的应用：一种尽端路的重复，在很大程度上不如他对汉普斯特德的优雅围合，在大多数城市的郊区制造了单一和乏味。另一方面，这种对建筑类型的依恋，就其本质而言，总是与地面严格相关，使他预见到水平建筑形式的居住容量及其土地使用模式，以及后来如何在剑桥大学土地利用和建筑形式研究中心（Land Use and Built Form Studies）在 1960 年代和 1970 年代对此进行全面分析和说明。

现代建筑运动处理密度的方法源自对欧洲大陆城市中紧密和过度拥挤的工人阶级住房的批判，反过来，这又是 17 世纪和 18 世纪大尺度街区令人恼火的高密度化的结果，那些街区最初是为了带有宽敞内部花园的大豪宅而设计的。这导致了对传统欧洲城市肌理的谴责，在现代建筑师看来，它们的街道和街区应该采用全新的建筑类型来取代，通过现代技术和功能的住宅设计来实现。CIAM 1930 布鲁塞尔会议深入讨论了这一主题，由于它包括了对欧洲城市现状和拟建住宅区的比较研究，并采用了更加精确（而抽象的）密度算法。不仅有某个特定范围建造的住宅数量——它不适用于具有不同大小单元的大地块——还包括居民的数量（床位数）和可居住空间的平方米数。[1]

有了这些进一步的指标，不同类型的城市肌理之间的比较缺乏经验。昂温的算法基于每个人都容易理解的定义：住宅为典型的两层带花园的英式住宅；城市化土地指开发者用于房屋、街道和公共开放空间等项目的地产。采用建筑研究基金会（Stichting Architekten Research）在 1973 年引入的术语，我们可以称之为肌理的主题要素，可以归入便于计算和比较的几何模型。[2]此外，他对过度拥挤的尖锐批评也使用了高度直观的表述："如果建筑物中的所有居民在特定时刻同时出门，那么街道将无法容下他们。"

后来采用的密度计算新标准——每公顷居民数或居住面积（体积）——感受上变得不那么直观。容积率（Far）是当今最客观、最广为接受的标准，它预设了某种协定，即每个居民被分配多少平方米的可居住面积（人均 $25m^2$ 的总建筑面积或多或少是战后西欧社会住房采用的标准，至今仍被接受），并进一步协定将哪一块范围作为分母。由相似的组件构成的系列城市肌理，可以让人理性理解和比较不同的设计，但情况并非总是如此。尽管主要面对城市中的多户住宅，极其严谨和详细的研究（如 S. Komossa 的《荷兰城市街区图集》，阿姆斯特丹，2005）仍使用了住房数/公顷的数据，并且发表在期刊和图书上的新设计，往往对计算密度的范围没有明确标示，因此相应的数据在某种程度上是不可靠的。然而，就标准密度达成一致并为新住宅区确定密度的最优值是 1950 年代至 1980 年代东欧和西欧社会住宅实践的一个必不可少的工具。这可能是人类历史上第一次确定这样一个标准来限制城市土地的开发，以确保体面的生活条件。

密度问题的影响在当代意大利历史上也很明显，1968 年，一个中左翼政府为城市规划制定了空间的标准，大幅降低了当时仍在进行中的土地高强度开发，并迫使所有公社相应地更新他们的控制性规划。在东欧社会主义国家，最佳密度的概念得到了前所未有的

阐述和检验，这要归功于他们新居住单元开发的集中规划和标准化建设，包括住宅、主要的设施和开放空间。一段时间以来，研究具有相似尺寸和密度的预先设计好的住宅模块组成变化是建筑师的共同任务：从苏联的住宅小区（microrajons）到巴西利亚的超级街区（supercuadras）。

最近，有关密度与土地使用和建筑形式之间关系的学术研究也形成了一些有趣的成果。首先是剑桥大学从 1960 年代中期开展的著名研究，其中一些研究从一开始就支持低层高密度的设计，在改造当时被认为是贫民窟的伦敦老社区时，追求一种文脉性的方法。其次是有一组鲜为人知的出版物：由 J. 哈布拉肯创立和领导的建筑研究基金会（Sar），在 1960 年代中期开

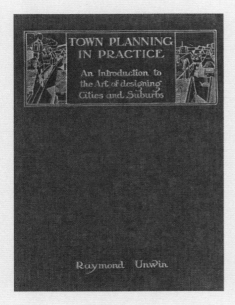

昂温手册的第一版

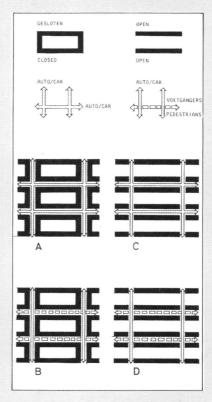

1977 年，建筑研究基金会为海牙 Waldeck 地区所做的研究中的两种城市肌理模式

2005 年，阿姆斯特丹城市肌理的四种类型

始编辑工作，以促进用户参与高效但非常具有指导性的荷兰住房建造过程，并且自 1973 年以来，其视野扩展到分析和设计城市肌理，基于将元素和关联规则进行系统分类，可应用于现状肌理和新的开发。在此方面，他们 1977 年的报告密度决策（*Deciding on Density*）展示了客户（海牙市政府）如何规划一个新的社区 Waldeck，从期望的密度开始，在设计过程中评估有关建筑类型、开放空间和城市化成本的不同方案选择。[3]

最近的贡献是 M. B. 彭特（Meta Berghauser Pont）和 P. 豪普特（Per Haupt）的作品，其中的《城市结构的空间伴侣：密度和类型形态》（*The Spacemate, Density and the Typomorphology of the Urban Fabric*, Delft, 2005）以其图形表达的清晰性和针对性脱颖而出。关于同一主题，发表于 1985 年的长文《房屋、树与野兽》（*Huisje, Boompje, Beestje*）[4] 的作者绘制了以土地面积

的百分比表达总建筑面积的原始图表，可以看到，1 的容积率（每平方米土地的建筑面积）在具有明显不同形态的设计中是较为常见的：两次世界大战时期改造的城市街区、战后的西方田园城市，甚至是 1960 年代的新开发的多层街区。将这些分析扩展到一些国家的大量案例研究中，我们可能会得出这样的结论：在以现代空间标准为准则的地方，过去密度的巨大差异几乎会自动缩小，即使在高楼林立的情况下也是如此，因为无论如何，不管日照计算怎样，高层建筑的视觉冲击都必须用大片绿地来缓和，以使其为居民接受。

目前，卫星摄影和图绘的计算机应用程序，如谷歌地球，具有过去无从想象的全球覆盖，使我们能够（粗略但有效地）测量和比较在物质和文化上相距甚远的城市肌理的容积率，如阿姆斯特丹西部和陶里亚蒂（Togliattigrad），而不用依赖于专业出版物上经常缺失或不准确的数据。在各类明显不同的例子中重复出现 1 左右的容积率（250 居民 /hm^2），甚至表明我们可以探索和验证一个假设，即在现代欧洲的住宅规划中，人们一

当代版的 W. 赫格曼
（Werner Hegemann）
的著作《柏林大剧院》
（*Das Steinerne Berlin*，
1930）

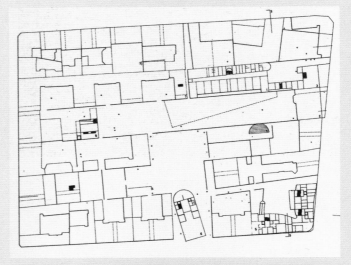

在 IBA'84 改造计划中 A. 西扎的柏林克罗伊茨贝格 121 街区规划方案（上图）
和实施的局部（下图）

般期望达到与城市化土地表面相等的总地面面积：就好像场地能够容纳所有居民露营一样。对大规模住宅的强烈批评始于 1970 年代，显然不能忽视此前作为现代性的一项重大成就：控制密度，留出宽敞的开放空间。

随着 IBA' 84 计划对仍处于分裂状态的柏林西部地区的改造，即使曾被现代主义建筑师视为德国工人恶劣生活条件代表的，由霍布莱希特（Hobrecht）规划的声名狼藉的街区，也成了文脉建筑学的工作领域和时尚城市住宅。当然，在那个时候，由于战争的破坏和此前苛刻的更新计划，它们的密度已经大大降低了。然而，被邀请或通过国际竞赛选择的世界各地的建筑师，将他们的设计融入 19 世纪的紧凑棋盘中。他们对这项任务相当满意，有时还会在土地细分中汲取创新设计的灵感（如 A. 西扎在 Kreuzberg 121 街区的设计）。霍布莱希特的规划本身在某种程度上被重新考虑了，他坚定认为自己心目中有一种社会模式，与巴黎人相似的融合，以及对简陋出租房（Mietkasernen）中日常

生活的浪漫愿景，不同社会阶层的家庭应该互相帮助，公务员的道德品行将成为体力劳动者家庭的榜样。他对在英国各地旅行时观察到的社会隔离持批判态度，认为维持当时柏林存在的混合社会环境是正确的。

在人口稠密的欧洲国家，随着城市增长的结束，20 世纪初从工人阶级的身心健康提出和研究的、后来发展为基本规划工具的经典密度问题，失去了大部分的重要性和现实意义。城市更新的文化带来了新的优

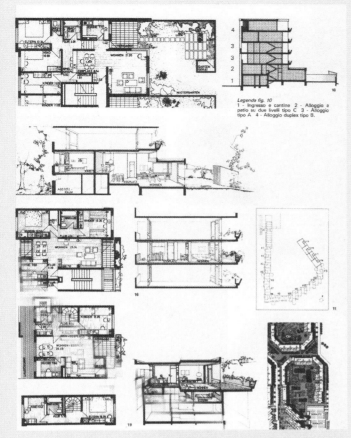

Legenda fig. 10
1 - Ingresso e cantine 2 - Alloggio a patio su due livelli tipo C 3 - Alloggio tipo A 4 - Alloggio duplex tipo B.

汉堡 Steilshoop，1963 年。第一次尝试用多层板式建筑适应不同的住宅类型，清晰表达了剖面并顺应场地

有了上述的基础，密度问题的讨论可以结束了：承认不再有理由寻求城市不同部分的最佳密度。富裕和教育程度高的国家已经配备好一切可能的技术和金融工具来享受其舒适和宜居的城市，城市中不同区域（历史中心、工人住区、花园郊区）之间的密度差异建立了"城中之城"的识别性，是人们所期望的多样性的一部分，供大家欣赏，并保持下去。

不幸的是，自 20 世纪末以来，亚洲和世界其他地区快速而出乎意料的城市发展与这种令人安心的景象大相径庭，现代技术和土地投机主动联合，塑造出一个垂直城市，高层建筑将混凝土和钢框架推至极限，就像 19 世纪晚期的巴黎和柏林，砖石建筑曾经被用来达到强烈一致的土地覆盖率。各类研究一再提醒要警惕制造 21 世纪的贫民窟[5]，给出了当代高层建筑的高能耗和糟糕生活水准的证据，对当地气候普遍恶化、空气污染和热岛负有责任。当然我们不应忘记，他们缺乏视觉上的文脉主义，与迅猛的绅士化齐头并进。但是，除了势不可挡的土地投机过程强化了这一趋势外，欧洲建筑文化本身似乎也在城市政策面前无能为力，这些政策明显忽视了早已被遗忘过半的长期改革主义和福利主义。实际上，正在发生的情况恰恰相反：现在人们把城市拥挤提出并提升为一种新的价值，甚至挖掘出了 1960 年代陈旧的大都市乌托邦或者勒·柯布西耶早些年鼓吹（没有经过像样的计算）的每公顷 1000 位居民的神话密度。

从一个纯粹的文化问题——大都市主义与新城市主义，新现代主义与后现代主义——城市拥挤的意识形态很快抓住了所谓的再生计划（通过开发商和地方政府之间不透明的谈判，在紧凑的城市中重新开发废弃的房屋）的机会。其中标志性建筑（形状奢华的高层建筑，通常伪装成绿色）、作为地面装饰的景观美

先事项：在大规模机动化之前就存在的传统城市生活，在同一地区、甚至在同一栋建筑内具有强烈的社会互动和丰富的行为混合，成为最理想的目标。由于密度控制的基本结果或多或少已经包含在当前的规划法规中，现在人们期待的更多：不管密度的量化标准如何，都要有效控制污染、噪声和气候风险。新住宅越来越多地采用改造后的街区布局建造，而建筑师则提高了将大型带花园的两层住宅与多层城市肌理中的小型公寓结合的技能，这是自 1963 年以来在汉堡 Steilshoop 等地早期的做法。

化和天文数字利润之间的新共生关系，是抛弃过时的密度控制原则时可能发生之事的明证。抛开当代欧洲最具代表性的地点，如伦敦市中心，它不仅在视觉上，而且与迪拜的类同越发明显，而意大利的参议员伦佐·皮亚诺（Renzo Piano）可以把他的碎片大厦（Shard）建造在 6 米宽的圣托马斯街边（在密斯将他的西格拉姆大厦后退以在公园大道上设一个广场的五十多年后）[6]。作为一段插曲，我们可以援引鹿特丹 Kop van Zuid 项目几乎可耻的结论，它始于 1984 年最广为人知的建筑设计竞赛，被寄予厚望——当时鹿特丹仍以其广泛而有效的住房更新计划而闻名[7]——在 2010 年以常规的高层建筑展示而结束[8]。与之相比，附近的 Noordereiland 18 ~ 19 世纪的街区和广场的朴素组合反而显得脱颖而出，成为最文明的场所。

虽然追求当地的高密度高层标志性建筑是一个最显著的问题，但当代郊区特有的低密度也导致了土地使用的浪费，在 R. 英格索尔（Richard Ingersoll）2006 年的一本书中，它被定义为"蔓延城镇"（sprawltown）。那些意识到联合国人居署（UN Habitat）等国际机构提出的令人担忧的建议，即有必要在全球范围内大幅减少土地消耗的人，见证了紧凑型城市的短暂插曲后，郊区增长的复归，甚至在荷兰这样人口过度拥挤的欧洲国家也是如此。面对这些事件，我们也许应该认识到，在有着长期的、几乎不间断的独户住宅传统的国家，居民不太可能改变他们的习惯，除非为他们提供新颖而富有吸引力的高密度城市条件，但目前并非如此：新富阶层在复兴的中心城区建造时髦高层建筑，和郊区住宅一样反社会。此外，现在大部分的土地消耗是基础设施和工业用地，而北欧国家（传统上以独户住房为导向）一段时间以来一直处于替代出行方式的前沿。我们有理由试着去阻止近来非传统独户住宅的蔓

R. 英格索尔在他的论文《蔓延的城镇》（Meltemi，2006）中，试图用他自己对美国和欧洲当代城市化的直接经验来解释定居点分散的原因和后果

延，就像意大利的"城市蔓延"（città diffusa）那样，矛盾地在拥有百年历史和世界闻名的中型城市传统的地区扎根，吸引了数百万外国游客。

如果我们看一看最近和不太近的尝试，试图用中高层城市住宅来创造新的城市发展，包括 1990 年代末到 20 世纪头十年之间在欧洲建造的一些所谓生态社区，由废弃的地区改造而来。它们通常具有适合中等规模城市的密度和城市形态，深受居民欢迎，多层建筑的街区带有绿色庭院，大型公共空间中有几个街区共享的服务设施，交通人车分流甚至完全步行化。例如斯德哥尔摩的哈马比生态城（Hammarby Sjöstad），建于 1999 ~ 2017 年，占地 200hm²，可容纳 2.6 万名居民和 1 万个工作岗位；或许还有 1997 ~ 2008 年的弗莱堡沃邦社区（Freiburg Vauban），占地 48hm²，拥有 5500 名居民和 600 个工作岗位（尽管是开放的行列式布局）。

正在进行的紧凑型城市住宅实验中，阿姆斯特丹

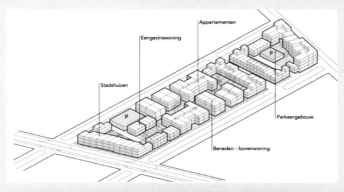

阿姆斯特丹艾泽尔堡市政规划的街区类型图和在较大岛屿（Haveneiland）上建造的街区视图

艾泽尔堡（Amsterdam-IJburg）可能是最全面的，在艾泽尔海上建造新岛屿，可容纳4.5万名居民和1.8万个工作岗位。由于建在填海的土地上，它将具有城市密度，也满足了阿姆斯特丹市中心对新住所的需求，这种需求带来了1995年东部港口岛屿的转变。市政当局于2019年11月7日通过了其中一个主要岛屿（Stedebouwkunding plan Strandeiland）的规划，其设想的密度从每公顷50～100户住宅不等，平均数为60户。住宅的肌理由200m长，58～60m深的矩形街区组成，可以容纳2～3层的联排住宅、3～5层的公寓地块以及所需要的更高建筑。快速验算一个大街区[9]公布的密度发现，在这种情况下预设的容积率略高

于1，即10000m^2，或者大约100套住宅，相当于每公顷250～300名居民。当然这是一个会让我们确认实验成功的数值，有些方面引人注目，充分挖掘了格网的聚居作用和视觉潜力[10]，可以自由使用不同建筑类型和建筑语言，仿佛是一个没有过多限制的私人投资者的开发，而不是一个高度受控的公共项目。文本中呈现的视觉参考范围从伦敦贝德福德广场（Bedford Square）到纽约联排住宅，以及阿姆斯特丹的20～40环。但是，即使对场地进行虚拟访问，也很容易发现我们并非在处理过去大型开发商使用的无尽重复的相同模块，也不是阿姆斯特丹学派的建筑师为获得公共空间的纪念性而自我施加的严格规训。艾泽尔堡为当代市场导向的城市生活提供了大量空间，伴随着消费主义的差异化，使聚集变得可以接受。项目中并没有对类型创新的探索（就像婆罗洲岛那样），传统的城市和郊区住宅类型从它们的原初环境中提取出来，基本被包裹在一个密集的格网中，F. 帕尔姆布（Frits Palmboom）沿海滨的干预减弱了格网的碰撞。

巴黎艺术馆最近的一次展览证明了由于建筑用地短缺，从传统的独户住宅到新建筑类型的演变，这些建筑类型仍然基于独立的家庭生活，但对社会需求更加敏感（共用住宅、代际住宅、居家办公）[11]。这种类型的研究实际上可以为定义新的生态城市密度标准铺平道路，以更新第二次世界大战后几个欧洲国家采用的标准。当然，城市尺度的土地使用和地面设计需要受到更多关注。

我们可以暂时得出结论：归功于为解放土地和控制密度的长期斗争，欧洲已经获得了基本的工具，得以在没有严重灾难的情况下度过20世纪城市最狂热的增长阶段。后来，它承认了紧凑城市历史模式的有效性和永久性，安身于多层建筑和精心设计的公共空间。在其他地方，否则，这近百年的长征还未开始。

注释

1   In the plates of the travelling exhibition which accompanied Ciam 1930, partly reproduced in C. Aymonino, *L'Abitazione Razionale*, Marsilio, Padova 1971, all examples were redrawn in scale 1:5000 and compared on the base of the following figures: circulation, building surface, dwellings, inhabitants and net floor area per hectare. Prices of land before and after urbanization were also stated.

2   Sar 73, *The Methodical Formulation of Agreements in the Design of Urban Tissues*. First publication on basic principles of SAR method on urban tissue design. Eindhoven, SAR, 1973. With Henk Reyenga and Frans van der Werf.

3   *Deciding on Density: An investigation into high density, low-rise, allotment for the Waldeck Area, The Hague,* Eindhoven, Sar, 1977. With Joop Kapteyns and John Carp.

4   See note 13 of the main text.

5   See: A. Chesmehzangi, Chris Butters, "Chinese Urban Residential Blocks: Towards Improved Environmental and Living Qualities", *Urban Design International*, August 2016.

6   Owen Hatherley found appropriate words for this building in his recent book *Red Metropolis*, London 2020, «Watkins Media: I spent the first moments of 2020 on the balcony of a top-floor ex-council flat in Bermondsey, with a frontal view of the Shard, the ninety-five-storey edifice owned by the Qatari royal family that is the tallest building in Britain. As the 2020s approached, the spiked tip of this glass tower threw red, white and blue searchlights across the sky, and sparkled from bottom to top with electronic light. After wondering, through much of the 1990s and 2000s, what happened to the future, I felt foolish. Here we all were, in a futuristic skyscraper city at breaking point, with an authoritarian nationalist government aided and abetted by a servile press that had repeatedly and demonstrably lied to keep it in power, in strict lockstep with a global hegemon headed by a sociopathic reality TV tycoon. Happy new year to Mega City One, Neo-Tokyo, Metropolis, Beszel and Ul Qoma – here we are, in the future after all».

7   See *Stadsvernieuwing Rotterdam 1974-1984*, Uitgeverij 010, Rotterdam.

8   Not even the well-proven professional expertise of a recognized master of the late XX century like Alvaro Siza was sufficient to come up successfully from the trap of this type of works. His design for The New Orleans is such an estranged attempt to humanize a tower block that the nearby Maastoren by Oma, with its neutral shin and clipped profile, is paradoxically more suited to that situation.

9   See the block delimited by IJburglaan, Talbotstraat, Maria Austriastraat and Diemerparllaan, in Haveneiland.

10 «The Grid as a Generator», first published in L. Martin & L. March, *Urban Space and Structures*, Cambridge University Press 1972 and republished, with an introduction by Peter Hall, in *Architectural Research Quarterly*, n. 4/2000.

11 *Transformations Pavillonaires, Faire la metropole avec les habitants*, 14.12.2018 - 10.02.2019.

专题 2　勒·柯布西耶的昌迪加尔议会大厦

昌迪加尔议会大厦始建于 1951 年，但从未完工，是勒·柯布西耶第一次，也是唯一的一次机会，创造了一个与景观和谐相连的建筑和城市空间综合体。各种不同的设计草图表明，曾有一个阶段的场地设计在规范布局的帮助下，对绘制出从第一张草图开始就存在于他头脑中的景观构成起到了关键作用。如 1955 年出版的《模数》第二卷第 225 页所述：

公园（就像另一种城市），在农业地区完全自由地实时修剪。然而，它被赋予的几何形态是自然、实用且宜人的，精巧而易于把握。但是，通过一种建筑的

技巧，这一概念将从"可想象的"转变为"可见的"，操作如下：首先勾勒出两个 800m 的正方形。左边的方形里面，新建了一个边长 400m 的方形位于一侧，而在右边，放任 800m 的方形自由生长，其边界的大部分融入河流的侵蚀，但创建另一个 400m 的方形，和左边的那个相配合，紧密相邻。

我们处于一个平原，壮丽的喜马拉雅山脉作为北部景观的收束。微小的建造以激动人心的方式矗立，随着高度和宽度关系的延伸，建筑紧密结合。为了精神的愉悦，我们决定以方尖碑来体现这一基本的算术：第一个系列将标记出 800m×800m 的正方形，第二个标记 400m×400m 的正方形。第一个系列正好立于乡村，第二个靠近建筑，参与那些空间构成（剩下的就

是领会'方尖碑'这个词)"。

因此，为了将景观融入城市的构成中，不仅从上方给予地面提供视觉设计，他选择放置方尖碑这个千年来已被用于日晷、光学瞄准具、测距仪的元素，在这里提出的版本中，用作了位置的标记。他打算向上投射，就像我们今天有时候用激光束做的那样，我们在地面上移动时的相对坐标系统，通过它，不可度量的自然景观被铭刻在可度量的建筑构成上。他从1925年开始寻找这种方法：一方面通过对雅典卫城的观察，神庙的布局被比雷埃夫斯（Piraeus）到彭特利克（Pentelic）的轴线穿过，另一方面是对巴黎美院所教授的抽象多轴构图的批判。他不信任画在纸上的"像孔雀那样放射的"的轴线，甚至不相信当时"风格派"

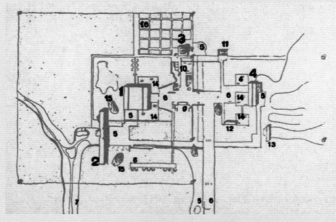

（上图）议会大厦总平面中主要的几何形和方尖碑位置的控制线

（下图）议会大厦的现状和最初的总平面。建筑和场地布局的未完成状态使我们无法清晰地评估柯布西耶占据平原的所有固执的尝试，也无法在现场根据经验测试体块的位置和通过开挖、堆土和水池来塑造地面

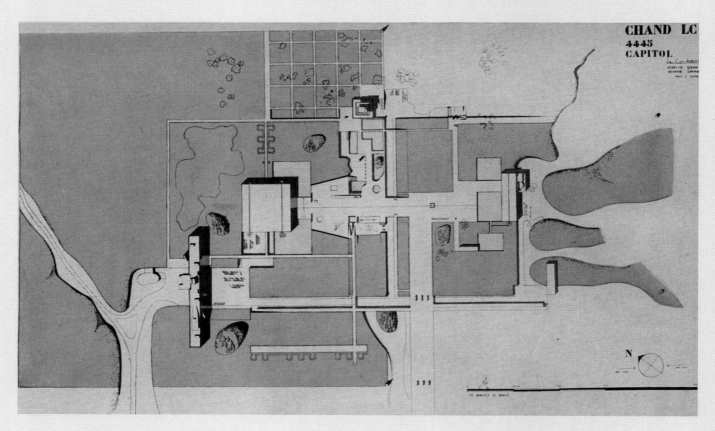

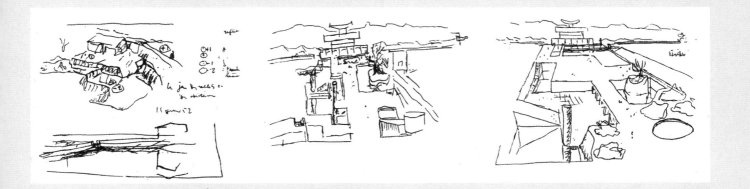

运动衍生出的、在阿姆斯特丹的范·埃斯特伦（van Eesteren）规划中开始成形的"僵化"组合模块。为了让结尾不降低人们的关注，他将建筑沿着一条轴线和一条反向轴线布置：

1. 从城市到山脉的背景，总督府和张开的手引人注目；

2. 从议会大厦到高等法院 250m 的长廊，以"阴影之塔"和"地球金字塔"为标志。

这些工作完全是在巴黎的工作室进行的，开始之后，启动了现场检查，将建筑物在地面上的准确占地提供给建筑工地，并纠正任何错误。正是在这个阶段，他遇到了使理论上的设计适应实际作业内容的最大困难。规划的建筑在实际尺度上距离非常大，但这并没有改变他的想法：

"当需要决定主要建筑的位置时，光学问题变得至关重要。人们制造了 8m 高的旗杆，交替涂上黑与白，每根上面插一面白旗。我们设想了对这片土地的首次占用方式，建筑的转角插着黑白相间的旗杆。人们注意到建筑之间的间距被夸大了，伴随着巨大的焦虑和痛苦，在这片无边界的土地上，人们必须作出决定。悲怆的自言自语！我独自一人，应当学会作决定：问题不再是理性，而是感觉。昌迪加尔不是一座行政长官之城，不是一座城墙包围、邻里交织的王子或国王之城。必须占领平原。几何事件老实说是一个智识化的雕塑。不是用手中的黏土来实现这些尝试，模型也从来无法真正支持决定。这是一种本质是数学的张力，只有建造完成后才会结出果实。正确的点，正确的距离。欣赏！通过反复摸索，人们让旗杆更靠近了。这是一场在头脑中进行的空间之战。算术的、肌理的、几何的：当一切都完成时，一切都会在那里！而现在，农民们带领着公牛、母牛和山羊，穿过太阳炙烤下的田野，……。"

这项工作的效果是场地上的其他干预措施：

——广场东西两端的两个水池反映了建筑物的正立面，让其高度翻倍；

——从总督府到"地球金字塔"的南北轴线采用渐变和浮雕来塑造。

这个一直没有建完并且被忽略的项目，有人呼吁趁还有时间把它完成（贝内沃洛是最先呼吁的人之一）。随着北边的非正式建筑和其他大量的改建，情况变得恶化，考虑到印度的普遍情况，这些难以避免，而且肯定不会因为最近被列入联合国教科文组织世界遗产名录而得到补救。

尽管这个空间未完成，但却提供了不同的解读。

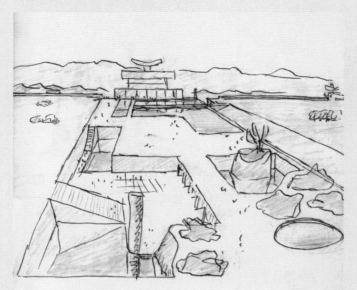

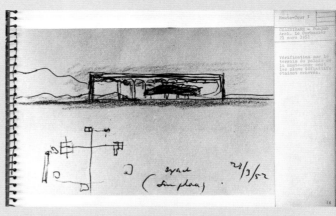

12 avril
52 (2)

（上页）勒·柯布西耶关于水池和土方工程的草图
（左图）未完成的土方工程和南北轴线上的水池，朝向喜马拉雅山脉和总督府
（上图）为确定议会大厦（高等法院）的确切位置而在现场绘制的草图之一
（下图）高等法院

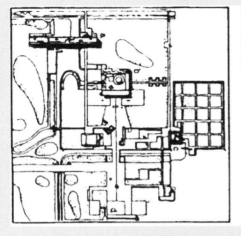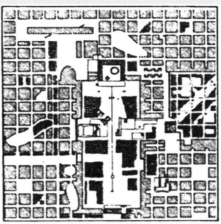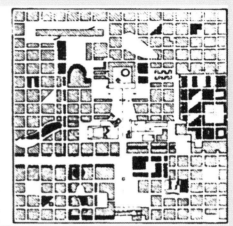

（上图）Rodrigo Perez de Arce，昌迪加尔议会大厦的再城市化作为城市转型的一个例子

（下页）Michèle Champenois 和 Deidi von Schaewen，现代性炽热的坟墓，今日建筑 252 期，1987 年 9 月

在 1980 年代发表的第一篇文章，将议会大厦作为一个未完成的项目，同时它代表了现代设计的不完整性及其信息的永久性

来自无条件的赞赏："这毕竟是柯布西耶的梦想。这是他在昌迪加尔的议会大厦集团吸引我们的原因，它的贵族空间感，它的平静和控制。这是一个你可以呼吸和感觉像男人的地方"（A. & P. 史密森，《没有反思——一种建筑美学》，*Without Rethoric - An Architectural Aesthetic*，伦敦 1973，第 14 页）；以及彻底的误解："尽管在他面前有许多令人惊叹的例子，如莫卧儿王朝的作品，以及埃德温·鲁琴斯爵士在德里的作品，其中公共建筑骄傲地俯瞰着城市，照亮了城市各个部分及其中人们的生活，但勒·柯布西耶对将他的建筑与城市联系起来的设计要求视而不见，事实上，就是将他的建筑彼此联系起来"（E. 培根，《城市设计》，伦敦，1967 年，第 233 页）。

显然，在后现代时期，也有一个再城市化的建议，正如佩雷斯（R. Perez de Arce）《城市转型与附加建筑》*Urban transformation and the Architecture of Additions*，

Taylor & Francis，1978）所描绘的那样不合适。最后，这段精彩的插曲中，几个元素交织在一起：

——勒·柯布西耶在其职业生涯结束时尝试实现在地景中组合建筑的雄心：70 岁时，他亲自承担了跟踪规划和主要建筑实施的任务，乘坐当时的螺旋桨飞机从巴黎飞往印度；

——尼赫鲁的愿景是，在新的独立、非暴力和民主的印度，在冷战期间，成为不结盟国家的领导者，成为继 1910 年代英国希望的帝国学院之后的现代首都；

——全世界的期盼和这个项目联系在一起，裸露的混凝土（新的石头），建筑工地上穿着纱丽的妇女用篮子提着建筑材料穿行于水泥搅拌机之间，似乎诠释了战后一代人的真实和朴素的理想。

还有一个关于城市构图的可能性和困难的基本教学，向景观开放，并受到解放土地的启发。同样，从此类实验中，可以为城市化呈现分散形式的地区提供

LE TOMBEAU ARDENT DE LA MODERNITÉ

Michèle Champenois et Deidi von Schaewen ont pris la route des Indes. Elles ont revisité pour nous Chandigarh, la capitale déchirée du Pendjab où se dresse enfin la main ouverte de Le Corbusier.

« Le monde subit dans la fièvre l'étreinte de contradictions mortelles… » Ainsi débute la requête adressée en 1954 par Le Corbusier à Nehru, premier ministre de l'Inde, insistant pour que soit édifiée la Main ouverte sur le site de Chandigarh, alors en construction. « A pleine main j'ai reçu, à pleine main je donne. » La main ouverte, pour donner, pour recevoir, est devenue, par le dessin, proche de la colombe de Picasso. Comme elle, message de réconciliation et de paix, elle se dresse depuis l'été 1985 à Chandigarh, capitale du Pendjab, sur un vaste plateau que ferment, très loin, les contreforts de l'Himalaya. Si elle n'a pas prévu de célébrer par une exposition ou un livre le centenaire de la naissance de l'architecte, l'Inde reste le pays qui lui a offert le plus généreusement sa confiance. Elle commémore à sa manière, très concrètement, en édifiant la Tour des ombres dont le chantier se termine. Précieux cube traversé de lumières, démonstration des pièges géométriques tendus au dieu-soleil, ce monument-sculpture boucle au sud (il en a besoin) le parvis. Là-bas, la Main ouverte qui « obsédait » l'architecte depuis 1948, bouge enfin sur son axe, selon l'orientation des vents, non pas pour indiquer que les idées changent mais pour symboliser les « contingences ».

La Main ouverte, terminée en 1985.

Les contingences, économiques, politiques, sociologiques, n'ont pas manqué à Chandigarh. Et pourtant, la ville ressemble amplement à ce que voulaient ses auteurs ; la situation politique particulière a même créé une originalité administrative qui accentue, pour le meilleur et pour le pire, le respect des directives initiales. Destinée à être la capitale d'un Etat nouveau dans une Inde neuve, indépendante et démocratique, elle est capitale deux fois : capitale du Pendjab depuis la partition de 1947 qui donna Lahore au Pakistan ; capitale aussi de l'Haryana, créé en 1966, après une nouvelle partition, les Sikhs voulant rester majoritaires dans un Etat où dominerait la langue punjabie.

Les deux administrations sont installées à Chandigarh. Provisoirement. La capitale doit être rendue au seul Pendjab, en échange de compensations territoriales qui n'ont pu encore être réalisées. Indira Gandhi rappelait solennellement cette promesse faite en 1970, à la veille de l'opération Blue star, assaut militaire contre le temple d'or d'Amritsar qui fit un millier de morts en juin 1984 et qui fut sans doute le motif principal de l'assassinat du Premier ministre par ses gardes sikhs en octobre de la même année. La restitution de Chandigarh était fixée au 21 janvier 1986. Elle n'a pas été réalisée, ni le

51

设计指南，这些地区具有扩大的空间和不同寻常尺寸的人工制品，不再归因于紧凑的城市和城市外的农业景观之间的传统对立。

第 2 章
修复文化中的土地

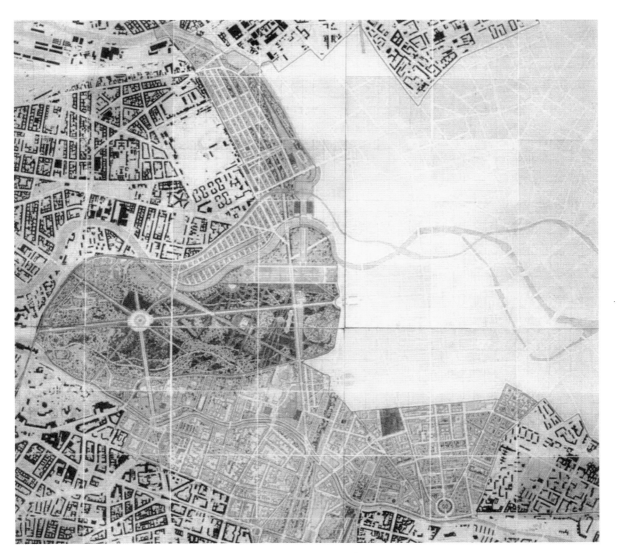

IBA'84，柏林中心城区规划（J. Kleihues 与 M. Baum、L. Brunds、W. Stepp）

城市住房存量回顾

1980 年代初，从现代性传承下来的城市土地可自由获得的观念开始受到强烈批判，却仍没有被取代[1]。在城市设计实践中，它仍被习惯性地接受。部分原因是当前使用的一些设计工具，如场地规划，确保了对新城市发展的某种控制，符合空间的量化标准与规定，同时留给建筑设计完全的自由。但有两个新的问题需要修正这种观念：城市增长放缓，以及正在进行的旧有住房的改造和废弃工业基地的转换。

20 世纪的最后 20 年中，几个重要的欧洲城市将其注意力从战后的密集增长计划转移到对现有城区的更新上。定义城市新形象、重塑其扩展区，以为未来居住文化典范的努力，让位于改造和更新内城地区的预期，以让人们回到老城区为目的，这在过去 30 年中被忽视或搁置。

这一举措在某种程度上是由大规模住房部分的失败导致的，当时被媒体大肆宣扬。但也由于一些内陆地区的退化，许多地区被原住民忽视和遗弃。总之，人们认为需要终止长期分散开发的行为，降低始于战后的高密度，重返"紧凑城市"，认为那样管理成本更低，生活有更多活力。基于这个原因，新的计划涉及在不同时期建成的多元异质地点的多样性。[2]

这是战后时期城市增长第一次放缓，在现代的自由土地理念难以实践的一些城市中，开始利用现有住房存量。实际上，

只有在被认为无法恢复或被战事破坏时，整个地区的全面再开发才被证明是可行的，这些地区允许在紧凑城市中引入现代建筑师设想的公共空间作为公园的理念，即使以一种示范的方式。

在那些最著名的例子中，值得回忆两段插曲，它们很快成为公共住宅历史的一部分。第一个是谢菲尔德的海德公园"公园山"（Park Hill-Hyde Park），该项目于 1957 ~ 1961 年间完成，重建了 19 世纪钢铁工人的棚户区，这为史密森夫妇（Alison & Peter Smithson）自 1952 年提出"空中街道"理论后首次有机会验证。第二个是西柏林的 Interbau 国际住宅展（1957 ~ 1958），一个优雅的 19 世纪 Hansaviertel 地区，90%

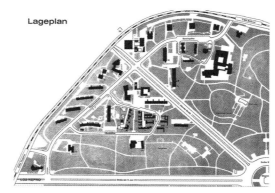

1958 年柏林的 Interbau 和谢菲尔德公园山（J. Lynn, I. Smith, 1961）

的建筑在战争中被摧毁，以国际现代住宅展的形式重建，由当时最伟大的建筑师来设计。[3]

相反，将现代土地使用原则应用于较小场地的尝试，如对伦敦贫民窟所作的那样，利用高层建筑取得新的开放空间是彻底的失败，后来用低层高密度的方案来局部修正，到目前为止，伦敦社会住宅最有趣的产出，或许也是英国对战后欧洲公共住宅的最大贡献。

奥斯卡·尼迈耶设计的街区，以及前 Hansviertel 地区的平面图

不同城市地区的特征及修复指南

从与土地关系的角度来看，欧洲大陆上的住房存量，考虑到所有可以理解的区域与地方差异，由三个部分组成：

1. 古城（中世纪、设防、前工业时期），其平面保留了数百年的历史痕迹，公共开放空间与建筑古迹具有同样的历史和艺术价值。直到 19 世纪仍然为城墙所包围，然后被改造，没有特殊关照（主要是使其适应卫生条例，并施行全面的再开发来减少密度），直到现代修复文化开始建立起来，意大利是从 1935 年计划修建贝加莫（Bergamo Alta）开始。

由于这一转变发生在二战初期，在这场战争中，对历史名城的彻底毁坏，其规模前所未有，破坏巨大，且并不总是进行适当的重建，必须等到 1973 年 [4]——P. L. 切尔韦拉蒂（Cervellati）对博洛尼亚历史中心的规划——才能看到对遗产的全面保护从开始被接受到后来追求典范的决心。这带来了 30 年的停战期，在此期间，历史中心代表了欧洲城市的深层身份，尽管它们不再是欧洲城市的功能核心。然而，后来，疯狂的转变再次出现——以旅游和大型商业活动系统地取代普通住宅的形式出现：一种新的毛细管过程，线上平台使其真正普及开来，它绕过了此前为保护城市物理结构而建立的管控机构，并在不知不觉中挫败了其结果。

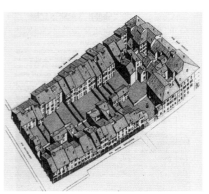
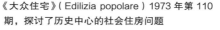

《大众住宅》（Edilizia popolare）1973 年第 110 期，探讨了历史中心的社会住房问题

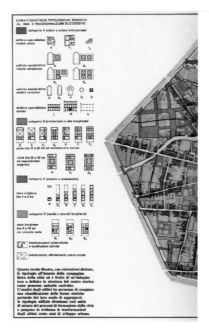

博洛尼亚历史中心规划，由 P. L. Cervellati 于 1969 年完成，灵感来自穆拉托里学校建筑类型研究，得到了 1973 年公共住房计划的支持

劳工福利为历史悠久的里士满公园（Richmond Park）地区带来社会住房：罗汉普顿，鸟瞰和地面透视，以及电影《华氏451°》中一张图片

1970 年代大规模住房的增长和衰退。改造前的阿姆斯特丹 Bijlmemeer 新城（2010 年），红色为拆除建筑（下左），绿色为新增建筑（下右）

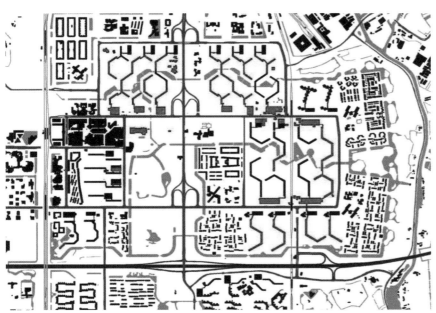

2. 从 19 世纪下半叶到 20 世纪上半叶的新增部分，包括部分仍在使用的服务设施和公共空间（火车站、菜市场、屠宰场、医院、精神病院、兵营、大街、广场、公园）。它们就像一个真实的叙事，反映了工业城市的发展、现代城市规划的艰难诞生、世纪之交城市管理的变革，以及现代主义运动的出现。所有这一切都发生在传统场地规划模式和建筑技术（城市街区，甚至是"革新地"，和砌石建筑）的实质永久性框架内，削弱了资产阶级和工人地段在土地使用和开发方面的相关差异，并确保了城市肌理的连续性。在这两种情况下，仍然存在通过适当的建筑设计来寻求精心计算的"调整"空间。

3. 战后的扩建，这是迄今为止最大的部分，也是唯一具有大量自由空间的扩建，这可能允许实施与改造项目相关的彻底的土地使用转变。有些国家从战后重建开始，一种前所未有的增长已在开放的乡村蔓延，这种方式现在可见于众多中心城区，尽管其结果不同。在第三种区域内部具有

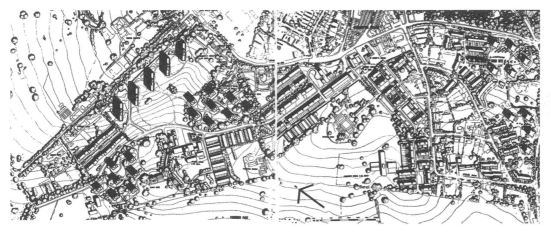

罗汉普顿（Roehampton），由 R. Stjernstedt 带领的伦敦郡议会团队设计，1958～1959 年，总平面图

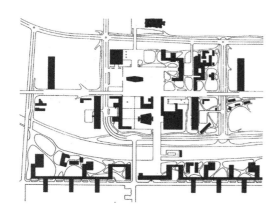

科林·罗和弗雷德·科特 1978 年《拼贴城市》中的圣迪耶和帕尔马的城市肌理比较

（上图）荷兰大规模住房的评论家：J. 哈布拉肯和建筑研究基金会的书籍

结构上不同的组成部分：

——早期现代社会住房区：因其绿色空间、严格的密度控制和类型创新而广受赞赏。有时是模范政府（如 20 世纪 60 年代的伦敦郡议会）及其福利主义政治共同创建的真正的公共部门纪念碑，在当时被认为是欧洲大陆浴火重生的时代象征。

——1960 年代末和 1970 年代的大规模住房从未受到人们的青睐，从一开始就因其庞大的规模和建造过程所强加的统一性而受到严厉批评：J. 哈布拉肯关于大规模住房的书是这一批判趋势[5]的始作俑者之一。尽管如此，这一进程一直持续到 1980 年代，人们坚信没有其他选项[6]，欧洲社会主义国家的例子也支持这一信念。

1960 年代末开始的泰晤士米德新城（Thamesmead）的实验（6 万居民）具有

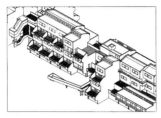

大伦敦议会于 1970 年开始的一个带有定制的混凝土板的大型住房计划

P. 巴内瀚、J. 卡斯泰和 J. C. 德保勒的《城市形态: 从街区到行列式》（中译本《城市街区的解体》）第二版（Parenthèses，1997）

柏林北部 Märkisches Viertel 住宅区总平面及实景（1963～1975 年，H. 缪勒、G. 海因里希等设计，2016 年，约有 4 万居民）

象征意义。该项目中，大伦敦议会（GLC）甚至购买了法国巴朗西系统（French Balency system）的重型混凝土预制专利，并在现场建立了一个每天生产一套住宅的工厂。与这一时期相关的一个部分，就是欧洲前共产主义国家建造的大量住房存量，它们在 1991 年以后意外地成为改造和更新对象。

——由于落后的规划立法和 / 或过度的地租权力，在一些国家产生了无规划（不规则的、非法的）的边缘区。它在南欧传播，在意大利广泛扩散，最大的贡献是对历史景观的破坏：这是一个具有世界意义的场景，按照贝内沃洛的说法，对于人类的损失堪比二战期间遭受地毯式轰炸的德国城市。[7]

在 1970 年代，对开放的行列式建筑土地使用的批评迅速增加：消耗稀缺资源、失去所有物理边界、缺乏公共空间和城市价值，以至于一些新的开发项目，一个杰出组织机构产出的作品，如阿姆斯特丹 Bijlmermeer 新城（其中，配备了"像光辉城市一样的开放空间"）和柏林 Märkisches Viertel 住宅区（著名的德国建筑师 O.M. 翁格尔斯和 S. 伍兹设计了实验住宅）在建成之前就遭受怀疑并被认为是等候遣返的地方。在这个十年结束的时候，P. 巴内瀚、J. 卡斯泰（J. Castex）和 J. C. 德保勒（J. Ch. Depaule）合著的关于欧洲城市街区的原创著作，以一种切实和均衡的方式描述了这一境况。归因于严格而热情的现场调查，他们没有混同于将现代城市规划作为一个整体的一般性批评，而是成为一个重要的理论参考点，并翻译到世界各地。

建筑和城市改造

在建筑领域，前现代城市的改造（在那里，土地的使用受到由来已久的规则指引，对公共空间既吝啬又过度地使用）刺激设计师去重新诠释，将他们的设计审慎地纳入致密的城市肌理之中，修补被破坏的部分而不进行刻板的重建，并经常避免后现代主义所提议的风格化的操作。最后，这项工作在各种不同的情况下产生了成功的变化（城中之城）：从 1981 年那不勒斯的"非凡计划"（Programma Straordinario），在地震后的紧急情况下，旧有类型的乡村住宅的修复是基于对统一前地籍规划的研究，到柏林的 IBA '84 进行了雄心勃勃的关键重建项目。

相反，在郊区的改造中，需要纠正土地使用模式，许多前提相互重叠，很难将土地作为设计过程的决定性参数。总结这些经验有几点需要评述：

当代郊区的改造，现在被一致认为是一项巨大的事业，包括地域的维护，作为 21 世纪的"伟大工作"，需要一个划时代的投入，堪比二战后欧洲国家面临的住房问题。为了避免重演那个时代的一些致命错误，这个投入应广泛传播，避免把所有精力集中在一个方向上，即获取土地，建造住宅（就像当时那样）。此外，这一问题不适合以效率为导向的解决方案，当前欧洲各国政府也没有致力于此议题所需的广泛共识。

那不勒斯"非凡住区规划"（PSER），1980 年 S. Pietro a Patierno 联排住宅更新

在古代地图上可识别的百年来的轨迹指导了聚居点的形成

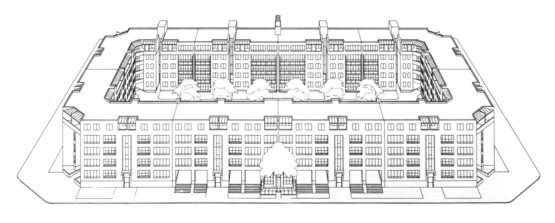

（左图）南腓特烈城（Friedrichstadt Sud）的模型和 J. P. Kleihues 的"270 街区"设计，1977 年

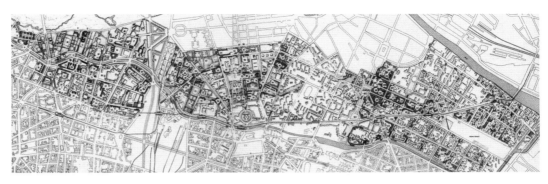

柏林 IBA'84
沿施普雷河（Spree）新项目总平面和路易森城（Luisenstadt）老街区的详细规划干预（右图）

《城中之城：作为绿色群岛的柏林》，1977 年《暑期学院》（Sommer Akademie）论文集第一卷

　　正如在困难情况下发生的那样，少量的成就与大量假设相伴而生。在最初阶段，这一议题由一些大学（伦敦建筑联盟和布鲁塞尔拉坎布雷）发展起的"有教养的"批评来进行的，从某种意义上说，这一切完全是知识分子内部的积极性，他们希望改变公共部门的方向，以应对领导它的技术官僚。

　　这一阶段的典型代表是"再城市化"地区，被认为是稀疏且缺乏城市价值的想法，R. P. 德阿尔塞（Rodrigo Perez de Arce）和 M. 库洛（Maurice Culot）的项目[8]最有力地表达了这一点。但是，当我们开始研究政府、地方当局和机构实施的官方住宅改造项目时，会发现有不同的重点。很少有国家拥有那种完全规划的"公共外围"，这种外围是由忠诚的技术官僚建立的（尽管是示意性的），他们之间可以展开对话。通常，被文化建筑批评所困扰的地区往往是更大城市群的一部分，从过时的规划法规、持续的地租主导和不充分的区划发展而来。随着时间的推移，国家终止福利，放弃社会住房，为缩减维护和监督铺平了道路，这几乎消除了欧洲郊区和世界最远的边缘地区之间的差距。在这一点上，对 1970 年代的有教养的批评往往成为恣意拆除的借口，同时摆脱衰退的住房开发及其时常叛逆的居民（Runcorn Southgate，伦敦罗宾汉花园），并为房地产投资腾出空间。与此同时，一

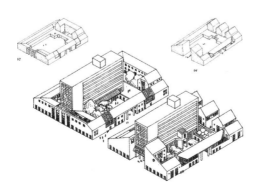

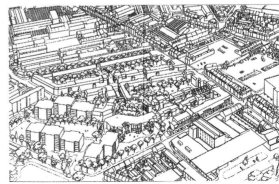

1970 年代末，R. P. 德阿尔塞对城市改造的描绘成为城市更新的典范，并被作为建筑院校用作教学范例

些机构坚定地相信，现代住房存量的修复也可以在没有城镇规划的情况下完成，只需进行一次精心设计（如伦佐·皮亚诺的边缘区实验室 Laboratorio Periferie），最近还需要对建筑进行广泛的技术改进和对公共空间的特别干预。《建筑》杂志倾向于展示单一标志性项目，从它们的物质和文化背景中推出来，忽视了规划的缺乏。

用"修补与联合""连接""再生""适应"等手段，并不足以总结目前的城郊住宅区改造政策，当然我们可以列出大量的尝试以及一些有趣的成果。[9]

非凡住宅计划（Piano straordinario di edilizia residenziale，PSER）是那不勒斯在 1981 年地震后在实施的一项特别住房计划，有时会利用历史乡村聚居点的规划原则（源自旧地籍图和旧乡村住宅调查）来指导包括保护在内的"综合"型更新。不幸的是，它没有太多后续行动。

而在德国，有许多不同的改造项目，如柏林的 IBA '84、钢铁工业历史遗迹中的 IBA 鲁尔，以及随后的卢萨蒂亚（Lusatia）煤矿的 Iba See，都被视为将设计实验与建筑展联系起来的进程中的步骤：始于 20 世纪初达姆施塔特的 Mathildenhöe，随后是 1927 年斯图加特的威森霍夫（Weissenhof）住宅区和 1958 年柏林的 Interbau。

相反，巴塞罗那城郊的改善是以"新的中心规划"为指导的：10 个再开发地区散布于城郊，旨在使它们独立于城市核心。

2017 年，拆除史密森夫妇设计的罗宾汉花园充满争议，伦敦陶尔哈姆莱茨区议会（London Borough of Tower Hamlets）毫不留情地进行了调查。自上而下顺序显示了从 19 世纪的格罗夫纳大楼到罗宾汉花园（1972 年），到 2017 年的拆除，再到几个伦敦设计工作室用以替代的建筑渲染图

"新中心"地区是 1986 年在奥运会计划下规划的

该计划是整个城市更大战略的一部分，包括海岸改造计划、城市计划以及港口和新公园的进一步项目。众所周知，在这样的经验中即使没有总体的城市设计，公共空间也被赋予了绝对的优先权。通过这种方式，公共土地起到黏合剂的作用，将城市的不同部分和自然景观要素（从大海到山丘）黏合在一起。更多此类计划的例子包括巴塞罗那米娜（Mina）区更新（2002年），该项目实施了基于补偿和平等的土地重新分配战略，以及 2007 年的创新工厂（Fabrigues de la Creació）项目，其方案将在第 3 章中介绍。

巴黎，1975 年。M. 费雷里（Marco Ferreri）拍摄了这部电影，讲述了印第安人苏族在盲目开放的"洞"里抵抗卡斯特将军的军队，摧毁了巴尔塔（Baltar）的中央市场（Les Halles）

此外，也必须提及巴黎城市工作室（Atelier Parisien d'Urbanisme，Apur）于 1983 年开始的"巴黎东部规划"（Plan Programme de l'Est in Paris），这是一项有趣的努力，协调了广大地区的多重干预[10]。它在城市规划方法上不同于同一时期的

修复文化的两位关键人物的专著：O. M. 翁格尔斯和 M. de Solá 莫拉雷斯《关乎事物》

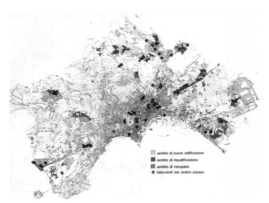

那不勒斯"非凡住宅"计划的规划区域（PSER, 1980）。该计划预计提供约 1.4 万套公寓，其中 3000 套正在修复中

其他操作（德国的 IBA 和那不勒斯的 PSER）：综合了运营和设计，"可能是前所未有的规模和精度"，认真遵循了当时法国研究的原则：棕地改造，关注由新的私人建筑包围的绿色公共空间（花园和公园）及服务（学校和社会设施）。风景园林师设计的花园质量很高，他们在这些作品中找到了成名的机会（例如 G. Clément 设计的雪铁龙公园），通常弥补了新建筑取代之前棚屋的普通性。

30 多年后，我们可以说，其成就凸显在运营带来的环境改善，但也受到整个大都市区变迁和新中心形成的影响，产生了"深刻的社会和经济变化"（不断增加的房地产压力和绅士化的影响）："它不仅仅是巴黎的东部，（现在）是大都市的心脏"。[11]

尽管取得了这些积极成果，但郊区问题仍然悬而未决，近来欧洲主要城市爆发的激进宗教极端主义证明，迄今为止所测试的解决方案（社会的、经济的或空间的）无论多么中肯，都不足以克服这一问题。

雪铁龙公园（A. Provost, G. Clément, P. Berger, J. P. Viguier, F. Jodry, 1992）由风景园林师设计，建在废弃的雪铁龙工厂翻新的中心

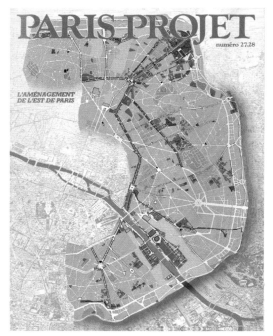

巴黎东部规划，工作室于 1983 年开始编制

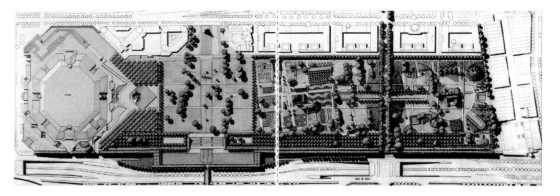

贝西公园（Parc de Bercy, Bernard Huet, M. Ferrand, J. P. Feugas, B. Leroy 和景观设计师 I. Le Caisne, P. Raguin, 1993 ~ 1997）在场地布局中，设置新的城市轴线时并没有完全抹去过去的轴线

（左上）O. 哈瑟利,《苏维埃广场：后共产主义城市中公共空间是如何消失的》

（右上）L. 贝内沃洛, S. 罗马诺,《欧洲以外的欧洲城市》, Scheiwiller, 米兰, 1998 年

Soviet squares: how public space is disappearing in post-communist cities

Privatisation is stripping cities in Russia and Eastern Europe of their public assets, leaving a chaotic mix of advertising, dilapidation and new development

（左下）莫斯科西南部的 Zyuzino 社区是 20 世纪 60 年代社会住房的典型例子, 沉浸在绿色空间中, 正在计划拆除

（右下）从莫斯科战后建造的一个典型街区的院子里看到的景象

1980 年代以来的复杂修复过程

　　当大规模住房改造刚开始的时候, 是一项看起来严重但采用 1980 年代检验过的方法可以解决的任务, 而在开始解决时, 却变得更加复杂。

　　——苏联解体后, 1955 ~ 1985 年间在苏联建造的全部住房存量都进入了"待改造名单"：大约 5000 万套公寓, 在当时把许多家庭从不适合居住或几代共居之中解放出来。据现在估计, 后苏联城市 80% 的城市结构由预制公寓构成。如赫鲁晓夫卡（Khrushchyovka）, 得名于发起该项目总统的名字, 结合了贫穷而简陋的技术（预制混凝土板）和令人难以置信的奢侈来建造社会主义城市的尝试, 大量自由土地在 1918 年革命中解放出来。整整一代建筑师都致力于计算居民和服务设施的关系, 以此为基础设计出城市结构模型的工作中, 这在很大程度上是通过功能区划和

中高层建筑来实现的。面向当代项目，将
这些居民点（如今大多已衰退）重新置于
土地私有化、恢复私人利益和资本主义城
市空间的政策之中[12]，那么保护公共空间
的整体构成而非建成要素看上去是合理
的，总体的空间感受恰恰是基于认可土地
作为共同遗产、平等和社会化场所的愿景
所带来的品质，与同期资本主义城市所特
有的分裂和不连续的特点截然不同。这一
特点基于空间的连续性，我们得益于其刺
激社会交往的能力：这是一个在当今资本
主义城市空间快速私有化和碎片化进程面
前尤为突出的特点。而战后采用的独立街
区让新的开发从城市肌理中分离，巴内瀚
将其比喻为离港之船，我们可以说苏联时
代的行列式街区则像船只抛锚于开放的地
景之中，周围环绕着宽敞的公共空间，浸
泡其中。因此，新的干预被精心限制在
最基本的改善方面，既没有安置其居民，
也没有改变宽阔的开放空间的原初构成，
其结果似乎与西欧城郊相似，如果不是更

好的话。[13]

　　——中国在城市快速发展方面具有公
认的首要地位，广泛采用了高层建筑和大
规模的土地开发，也产生了额外的复杂难
题：一种类似 19 世纪早期工业资本主义以
来就已消失的现象，它过去曾推动了欧洲
大都市的发展。在这一点上，很难掩盖的
是，与当代的垂直棚户区相比，20 世纪晚
期的城市边缘区可能重获失去的光环。人

们有可能需要重写欧洲城市历史中的"解放"土地概念，虽然被粗放地使用，但其强制性的工业化建造手段在某种程度上也缓解了大规模住宅的影响。

或许我们不应该将"社会主义"城市规划排除在外，其景观和巨大的无用空间，今天来看既非自然也非城市，而应被视为一种遗产，作为未来转型的起点。

因此，我们似乎可以谨慎地得出结论，一个与再生文化相适应并适用于现代郊区的土地概念，可能更好地依赖于城镇规模的公共空间实验，以规划的尺度，而不是独立的社会住房，因为它们的历史和当前的衰落，往往成为披着"更新"外衣的房地产投资中最受欢迎的受害者。

珠江三角洲和广州的景观

土地与废弃工业区的改造

曾经标志着欧洲重工业历史的大型生产区的功能转型，是影响城市和地域结构的另一个主要过程。作为连带原因，它在西方工业增长结束阶段之前就追随国际市场法则，不断地以关闭工厂的形式将生产转移至其他地方，一直持续至今。

这一问题首先以早期工业技术工厂的场地为中心，他们在 19 世纪被选择来开采水体和底土中的原材料，对地面产生了强烈冲击。它们搬离了原初的城市（也留下了厚重的在场标记），清空了码头和停泊港，也影响了现代化的服务和基础设施，如商业港口。

从 1960 年代开始，当危机波及第一批生产部门时，这一过程很快扩展到其他废弃的地区，并被视为城市再开发的"机会"。正如格雷戈蒂自 1990 年来指出的[14]，这是一个历史性的机会，可以重申欧洲城市"扩张方面物质形态的稳定性"，以及对环境、既有物质形态结构、土地再平衡和地面设计的重新关注。它最终取代了城市总体规划战略中包含的整体观点，并在城市规划和城市设计中发挥了普遍作用。它可分为两个阶段：第一阶段涵盖 2000 年

在埃森（Essen）的新公园中，可以欣赏到昔日关税同盟的焦化厂

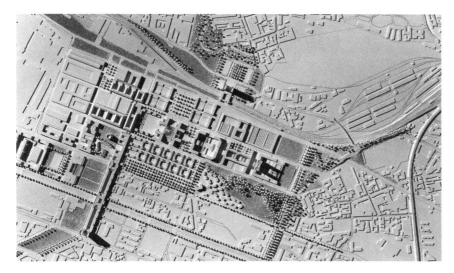

米兰 Pirelli-Bicocca 地区的规划设计模型（1985）和鸟瞰图

以前，第二阶段为此后的时期，届时这一主题将被重新吸纳到与保护地球有关的环境议题中去：与 20 世纪初出现的工业棚户区再开发类似（见第 3 章的"聚焦可持续性城市再生的新项目"）。

在欧洲，第一阶段遵循一条渐进的道路，干预措施逐渐获得更大的环境与社会敏感性。

在最初的干预中，其目标几乎完全是经济方面的，没有受到士绅化政治选择的影响。然而，它们包含各种不同的案例，从受美国早期滨水地段再生模式启发的伦敦码头区（始于 1970 年代末，仍在进行中）或巴黎中央市场（Les Halles，1973 年被拆毁），到具有较少社会和环境方面冲突的工程，如米兰的原倍耐力—比可卡公司（Pirelli-Bicocca，1985 年由 V. 格雷戈蒂赢得竞赛，2005 年建成），或许多知名建筑师（伦佐·皮亚诺、G. 奥伦蒂等）的专门设计，将一些大型单体建筑转化为公共服务设施。

总体设计通常没有遵循现代主义建筑的模式，即使在容易操作的地方，也没有沉浸在绿色景观之中，而是使用现状的地面设计作为建筑改造的支撑，或者用开放的公共空间来丰富建筑肌理，更多是装饰性的而不是功能性的。

在此可以提及一些例外：Gabetti & Isola 事务所于 1985 年提交的 Pirelli-Bicocca 地区改造项目，受到帕丹（Padan）城市化之前的乡村肌理的启发，寻求建筑与周边土地之间的关系，这一研究与实验可追溯到伊夫里亚（Ivrea，1968）西部住宅区，或都灵的菲亚特林格托（Fiat-Lingotto）工厂的一些方案（1982 年伦佐·皮亚诺赢得该竞赛），500m 长的建筑沉浸在一个巨大的公园中，就像詹姆斯·斯特林的设计。

随着时间的推移，在 1980 年代和 1990 年代，这些目标形成了关注景观保护、环境修复，以及社会用途（公共或社会住宅、服务设施）与经济目标之间平衡的综合规划：从这一角度来看，IBA 鲁尔（Iba Ruhr，1991～1999）的经验被认为是最具

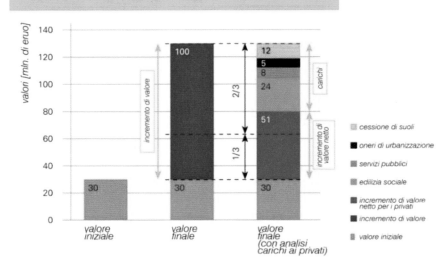

德国社会公平土地利用（Sobon）方法模型，用于城市转型中租金的回收，价值增长在私人运营商（51%）和公共服务（49%）之间的分配。应用于慕尼黑废弃机场再开发的例子（来源：L. Nespolo，见参考文献 16）

Modelli di recupero del plusvalore fondiario nel progetto urbano

城市设计中恢复土地价值的不同模式（来源：L. Nespolo，同上）

modelli di recupero indiretto del plusvalore fondiario			recupero diretto del plusvalore fondiario
modello parametrico (standard e contributi concessori)	gestione pubblica (società di gestione urbana, STU, SEM)	trasferimento dei diritti edificatori (TDR, perequazione urbanistica)	(Aprovechamiento Urbano, SoBoN)

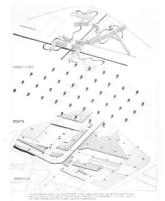

（上图）拉维莱特公园，伯纳德·屈米，1983 年

设计将场地分为三个系统：运动，人工制品和开放空间

（右图）鸟瞰

代表性的案例。在时间上它属于这一阶段，但却是下一阶段典型的社会和生态环境内容的先驱（见专题）。其他主要的干预措施是巴塞罗那为 1992 年奥运会所作的规划，以及前面提到的 1983 年由 Apur 推动

的巴黎东部规划（有许多著名的城市修复干预措施在随后几年中实施，并取得不同结果），对周边地区的再开发具有积极影响。所有这些大型规划都赋予了公共空间核心作用，调节了城市设计和地面布局，改善了住房条件和公众获取城市资源的途径。

一个特殊而重要的案例是，许多港口地区因海运转型的过程而进行了重组（见专题），其中某些特殊条件（公共的土地所有权、因靠近滨水和城市中心而带来的景观质量、便利的交通、具有历史环境价值建筑的存在）是项目的必要条件，将地面设计为公共空间，重建或加强城市与海洋的关系。代表性的例子是阿姆斯特丹的

金丝雀码头项目总体规划，1987 年

港口：至少是最初的部分，而后来的一些干预措施，如 Nsdm 码头，必须列入下一阶段。

第一阶段的最后时期受到景观设计师的影响，他们在 IBA 鲁尔等最大型的项目中时常主导设计干预，使地面获得了自主性的身份，需要其自有的特殊修复方式，并融入总体的设计，强化了识别性，塑造了公共空间的新景观。此外，归因于工业建筑形成过程中积淀的历史价值，可考虑应用于地表的形成及其设计。废弃的、衰败的厂区，在新的开发中被边缘化，视为白纸来对待，以删除对过去的记忆，它们被视为改善生活质量的障碍，随便用什么功能来重新开发。只有在 1980 年代，当历史的类型学分析扩展到这一领域（以适应工业考古学的视角）时，它们才被纳入

"代表性文献"价值的特殊类型聚居区及其地景的计划中："辉煌和废墟是这一过程寂静的见证。它们作为颓废的象征而矗立，主宰着时而残忍的美丽风景"。[15]

从格林尼治医院俯瞰金丝雀码头地区的高层建筑

因此，早期工业技术的遗迹获得了"废墟"的象征价值，类似古代纪念物的遗迹激发了古典崇拜。在某些情况下，修复项目将其增强为对自然空间的补充，而无需大量投资或转换用途，只是在曾经被重工业破坏或因功能过时而逐渐衰败的地方进行地面的"再自然化"。

从这一初始阶段来看，大面积的修复看起来取决于对其地面的改造（填海、去污染和重塑、再造林），虽然除了极少数例外（IBA 鲁尔为其中之一），这些措施尚未发挥战略作用，它们将在 21 世纪得到充分发展，以应对环境危机。

与此同时，在城市内部，由于棕地的位置和与内城的关系，即使在经济增长缓慢的时候，它们也可以提高土地租金，从而变得越来越重要。居民对这些转变的日益关注引发了一个新的城市问题：即新功能、实际社会需求与场所特征之间的冲突。由此产生的紧张关系有时最终会影响最初的方案，并倾向于另一种城市战略，其中各种空间被分配给居民，以便通过有效的参与和自主营建来进行自下而上的改造。

至于改造计划产生的剩余价值，我们必须提及一种在开发商和地方政府之间均等分配地租的特殊方法，此方法由实际方案主导，与传统协议强加的空间标准或对新基础设施的财政贡献不同，不要求投资者遵循土地开发的质量和成本的一般规则，而是要求对方案进行准确的定性评估：场地规划、成本和利润，以使其均等分配。这是一种需要的高水平技术技能和准确监控的方法，已在有限的几个城镇成功运行，如巴塞罗那米纳（Mina）地区改造，以及写入慕尼黑 1998 年远景战略规划中的社会公平土地利用（Sozialgerechte Bodennutzung – Sobon）规定，并在老机

Gabetti & Isola 事务所，米兰 Pirelli-Bicocca 地区设计竞赛，1985 年

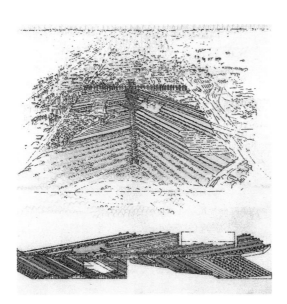

J. 斯特林，都灵菲亚特林格托工厂设计竞赛方案，1983 年
该方案将林格托周围的大部分地区再自然化，就像一个古老的别墅，通过一条林荫大道与城市相连，两侧的大理石雕塑再现工厂生产的汽车

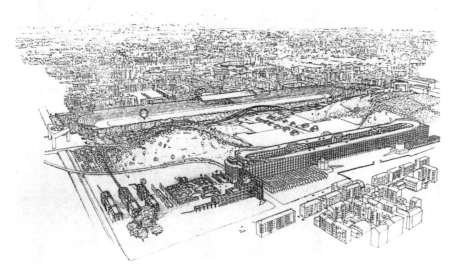

场和包含铁路公园的旧贸易展区两个同等重要的大型城市设计中实施。[16]

在 1990 年代末，人们对"可持续再工业化"产生了新的兴趣：通过生态的生产性再开发来修复处于危机中的工业区，实现现代化，而不是用其他城市功能取而代之。[17]

这是非常重要的举措，影响到欧洲大部分地区及其他地方的城市区域，这些地区战后重建期间建立的生产或服务设施已经过时、污染或衰退。然而与以往不同的是，这些情况下的主要目标是维持活力和维持发展与就业。

可持续再工业化过程主要涉及战后重建期间在城市蔓延地带建立的工业区，那儿有专业化的和部分仍然活跃的生产、贸易和仓储建筑，以及不完善的道路网络，被大型基础设施、边缘区的乡村和废弃地区包围，零散而分离，与公共住房和绿化交织在一起。在过去几年里，这里被称为"生产区"，地面普遍严重退化，且大部分都是不透水的。

旨在调整现有设施的修复项目往往是

里尔，将前 Le Blan-Lafont 纺纱厂改造为住宅（B. Reichen 与 P. Robert，1977）

圣纳扎尔，前潜艇基地转变为文化综合体和有顶盖的广场（M. D. 索拉－莫拉莱斯，1998）

巴黎，旧奥赛火车站改造为博物馆（G. 奥伦蒂，1986）

(Ré)inventer la zone d'activités
Pour un aménagement durable des espaces d'activités

Conseil d'Architecture, d'Urbanisme et de l'Environnement de Loire-Atlantique

（重新）发明公共活动区，活动空间的可持续发展规划，卢瓦河—大西洋建筑、城市规划和环境委员会，2011 年 11 月

Pourquoi faire de la zone d'activités un véritable quartier ?

Faire de la zone d'activités un quartier d'activités, c'est créer ou recréer un véritable lieu de vie pour tous.

La problématique de l'aménagement des zones d'activités se trouve au croisement d'enjeux majeurs économiques, territoriaux et environnementaux. Le rôle des collectivités est de pouvoir aborder ce type de projet en ayant une vision globale. C'est elle qui va guider le projet jusqu'à sa concrétisation. Si on ne peut concevoir l'aménagement d'une zone d'activités en se détachant de la réalité économique, il doit en être de même pour les ambitions urbaines et environnementales. Renforcer l'attractivité économique, c'est garantir l'image attrayante d'un territoire : sa pérennité sera renforcée par un aménagement adapté et durable.

La zone d'activités est un véritable morceau de territoire où les élus doivent porter des projets ambitieux tant pour le développement économique du quartier que pour ce qu'il apporte à la commune et à ses habitants. En fonction de sa situation, la zone d'activités peut ainsi jouer un nouveau rôle et s'inscrire dans le projet global du territoire communal : support d'espace naturel, corridor écologique, espace de détente, continuité.

Parc d'activités de Camalcé à Gignac (12)
NB architectes (Elodie Noumigat & Jacques Brion), Julien Wafflart, architecte associé, Jérôme Mazas, paysagiste

13

吉尼亚克 Camalcé 商业园，2007 年。
一个通过共享设施将工业区与独栋住宅连接起来的例子

减少的，因为它们只提出了对结构进行必要但低效的技术升级，以减少能源、水的消耗。虽然这种状况确实很普遍，且受到了各种机构的极大关注，并随着对气候变化意识而强化（新的法律、指导方针等），此类调整仍然稀少，目前还没有令人信服的案例来改善场所的城市品质，加强与环境及周围住区网络的联系。工业区尚未如

研究这些过程的学者们所希望的那样，作为"创新的生态系统"来重新考虑，以实现环境（包括社会质量、劳动力和机构的制造技能）[18] 与景观质量的自主发展与振兴。

我们很少看到令人信服的尝试来适应和改进"低矮宽敞的棚屋"：这是文丘里（Venturi）提出的一种建筑类型，作为大型通用室内空间的必然与合理的解决方案（典型的美国建筑，但到处被模仿：见下一章）。

最终，所有这些形式的再工业化都受到城市和工业政策无力应对危机和推动公共设施向有弹性和可持续土地利用转变的影响。

在这一时期早期工业技术遗址的修复过程中，最先开始的 IBA 鲁尔仍然是在地域的尺度上地面修复最好的例子。

都灵环境公园，1995～2005 年
E. Ambasz、B. Camerana 等人根据总体规划创建了一系列研究实验室，特点是尝试将建筑与周围的公园联系起来

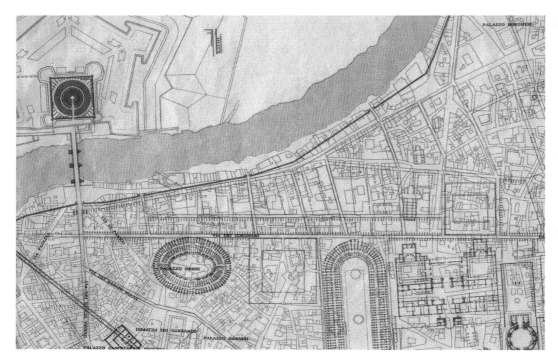

城市历史和意大利类型学派对修复
文化的贡献：罗马中心城市考古地图

E. 特林卡纳托（Egle Trincanato）
1948 年创作的《小威尼斯》
（Venezia Minore）中的一页

项目工具的修订

　　为了实施这些废弃地区改造的特别方案，首先要审查迄今为止在土地使用和地面设计中使用的所有工具。当时广泛采用的功能分区、空间标准和场地规划都不足以理解，更不用说重新设计城市的前现代部分，它是按照定居点的规则建造的，建筑类型源于几个世纪以来的土地分割和单块建筑的做法。由于可能出现的强烈社会冲突（在重新起用的建筑和废弃地区，或在生态环境修复方面），以及从城市重建和发展阶段传承下来的过时的法规框架（那时土地被认为是对建筑活动的支撑），这种不足严重恶化。总的来说，在面对城市危机及其各种表现形式时，由中央政府、福利主义者和调解人推动的传统形式的综合性规划，在保护、援助和社会再分配的目标上效率要低得多。

　　寻找适用于这一系列问题的理论原则和工作工具，最初依赖于不同领域的贡献：

《阅读基础建筑》，1999 年

S. 穆拉托里，基督教民主党议会，
罗马，1958 年

罗马历史中心建筑测绘

普拉托控制性规划（1996年），B. 塞奇团队以1:2000的比例进行了非常详细的调查，试图了解该地区典型的差异性活动的复杂分层

——历史学和城市考古学，当时这些学科的研究人员和学者的能力是有坚实的学科传统的，但他们不习惯或不感兴趣把自己的工作定位于当代城市的实际变化。他们的工作重心在人类定居的早期阶段，由自然和人为因素（如水文和道路网络）产生的深层地域结构的恒久性、连续性和对变化的抵抗力。[19]

——意大利类型学派起源于罗马学院，强烈反对布鲁诺·赛维大力宣传的战后现代主义（有机建筑），相反，他们依靠活跃在两次世界大战期间，具有丰富专业经验的知名建筑师，如S. 穆拉托里（Saverio Muratori），就能够很快将理论带入专业实践。他们有一种纯粹的"建造"

文化，与把土地作为自然的现代田园牧歌式的梦想大相径庭，自从他们在全国舞台上亮相以来，就预示了一种风格化的操作，后来成为后现代建筑的一个品牌[20]。他们通过使用城市考古学的工具（历史地图与图底关系平面），以此方式非常接近将土地重新置于人们关注的中心。在这个意义上，G. 卡尼吉亚在1980年地震后对那不勒斯乡村百年来的建筑和传统乡村住宅（casali）展开了研究，将新开发项目的低质量归因于没有考虑建筑肌理的基本历史构成规则。

——在1980年代早期，一些建筑杂志如《卡萨贝拉》（Casabella，1982~1994年由格雷戈蒂担任主编）上的文化辩论也作出了进一步的贡献，格雷戈蒂深入更新了杂志的格式和内容，支持建筑是对既有结构"修改"的观点，以及城市规划是对既有建成聚落的"重新组合"，而不是增加新的扩张。正如B. 塞奇（Bernardo

S. 穆拉托里于1959年发表的关于威尼斯的颇具影响力的文章

Secchi）提出的理论，新的宽容（pietas）也适用于从新近的过去继承的事物。因此，人们认为，当代城市目前过于广泛和复杂，无法符合任何理论模型，如战后住宅开发和新城中测试的模型，相反，可以在一个框架内进行重组，在试图纠正其缺陷的同时，增强多样性，认识到不同的城市理念（城市中的城市）可以并存。

——城市设计和文脉主义这一组相互关联的概念，主要通过《莲花》（Lotus）和《卡萨贝拉》等杂志在欧洲传播，并由重估土地作用的设计师付诸实践 [比如法国人受到轨迹（tracé）概念、波尔图学派、西班牙的 M. S. 莫拉莱斯和意大利的格雷戈蒂的启发]。在一段时期内，这些观念与城市规划的官僚作风背道而驰，并影响了其实践。[21]

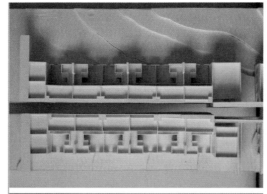

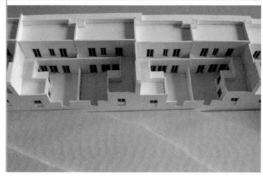

1976 年，埃武拉的共产主义政府当选时，西扎负责一项广泛的公共住房计划，包括 1200 多套独户低成本庭院式住宅。其结果是欧洲大规模公共住房的最后一座纪念碑，这是一个无与伦比的实验，将独户城市住宅与景观和场地融为一体

马拉古埃拉社会住宅，埃武拉，葡萄牙，A. 西扎，1977 ~ 1997 年

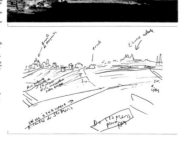

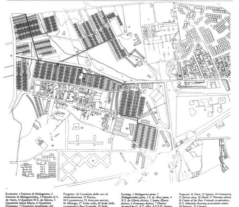

A. 西扎的马拉古埃拉社会住房，发表于 1982 年 3 月《卡萨贝拉》第 478 期的一篇 14 页的文章中

庭院住宅的街景和模型

蒙特勒伊的桃树墙

M. 科拉汝说，1999 年的市政项目涉及该地区大部分区域的城市化。在居民的抗议之后，该项目被放弃，该地区列入保护，保留了乡村肌理，最近修复的围墙环绕的花园

地籍图作为设计指引
荷兰威斯布鲁克村城市设计，H. 赫兹伯格从农业用地划分中得到启发，用它来保持公共空间的传统尺度

地域作为重写本

正是在这种情况下，1983 年，博学的历史学家和敏感的艺术评论家、多才多艺的瑞士学者安德烈·科博兹（André Corboz）成功地创造了地域 [1] 作为一个重写本 22 的概念。根据他的工作风格，从敏锐的个人直觉中不断学习，用一个令人回味的术语解释了当时强烈感受到的需求，对现有城市的改造不仅是对未来的预期，也是百年历史进程的一个连续阶段。与最古老的储存媒介相比，珍贵的植物纸可以被擦除和重写几次，让人们想起了长期讨论的土地使用的浪费，仅基于城市发展，以及我们对考古发掘中发现层叠的废墟的好奇心，总的来说，对于所有这些痕迹，贝内沃洛后来将其定义为"地球上人类的痕迹" 23。科博兹惯于在不同学科之间熟练地穿行，利用自己作为历史学家的经验来展示一个场地可以有多少变化，利用他对当代艺术的熟悉邀请体验者从斜坡上走下来动态地感知景观，用大地艺术的介入 [R. 塞拉（Richard Serra）的金属板卡在场地上] 来"揭示"倾斜的地面。作为一种建筑漫步，有点像勒·柯布西耶建筑中流动的坡道。艺术作品的视觉痕迹利用地面作为物质与图像，挖掘和土方工程作为直接的表达媒介，在当时充满暗示和不确定

---

[1] 原文中为 territory 和 territorio（意大利语）。在本书中，作者用该词来表达一个不确定的地理空间，在其中可以同时找到城市、乡村和自然地区，受到规划和设计的影响。按照 André Corboz 的说法，地域就像城市，是历史的建构。

的建筑语言（后现代折中历史主义）中盛行几乎没有困难。因此，设计文化借用了这个概念[24]并在三个方面有所发展：

1 土地作为深层历史

以自然和人工（地籍）痕迹构成的网络为标志。这显然是最直接的方法，因为它完全推翻了现代主义的假设。地籍图是对城市化的支持，而不是阻碍，这可以从一些法国的著作中看到（帕内莱博士、D. 曼金、B. 休伊特、P. 皮诺），也可见于莱昂·克里尔和 M. 索拉—莫拉莱斯的方案中。

在对既有"人为事实"（artifacts）重新使用的作品中，有伊夫林的圣昆汀（Saint Quentin en Yvelines）的案例，那儿有 1640 ~ 1685 年间挖掘的沟渠系统，为凡尔赛宫的花园和城堡供水，已成为低密度住宅区的支撑。项目旨在以自然和经济的方式对场地实施修复，同时保证其作为未来的景观和生态系统的一个标志性元素。

类似的案例还有：

——赫尔曼·赫茨伯格（Herman Hertzberger）在荷兰乌得勒支威斯布鲁克（Westbroek）地区的先驱性设计（1978 ~ 1980），只完成了一部分，作者将其描述为一种结构性布局，并非基于建筑的原则，而是基于场地的特性：一个几个世纪以来被平行的长沟渠穿越的地区。[25]

——蒙特勒伊（Montreuil）的桃树墙（murs à pêches）：桃园的保护墙，在

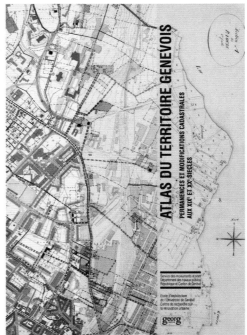

莱维叶（Léveillé）等，日内瓦地图集（左图和左下）这项研究比较了拿破仑地籍平面（道路、地块划分、建筑）与 19 世纪和 20 世纪的平面，并强调了土地设计结构的变化。P. L. 切维拉蒂已将此方法应用于历史中心的规划中，特别是博洛尼亚的规划

B. 福捷：《想象的大都市——巴黎地图集》（La Metropole Imaginaire, un Atlas de Paris），展览目录，Mardaga, Liège，1989 年

重庆的无头雕像
这座雕像可以追溯到 20 世纪初，是在 2020 年的一次建筑翻新中发现的

埃武拉的马拉古埃拉社会住房，葡萄牙，A.西扎，1977～1997 年

M. 科拉汝（M. Corajoud）1998 年的一个新的环境友好型项目被拒后，具有乡村肌理的景观被列入保护名录，墙体也得到了

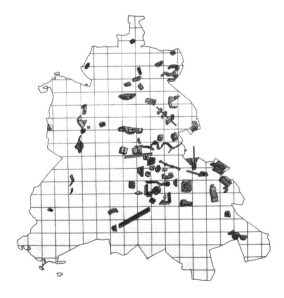

O. M. 翁格尔斯，R. 库哈斯
城中之城，柏林：一个绿色群岛，
1977 年

修复[26]。在有助于构建这种方法的研究工作中，值得一提的是布鲁诺·福捷（Bruno Fortier）的《巴黎地图集》（*Atlas de Paris*）卓越的图形再现，主要建筑的轴测从城市肌理中浮现，肌理叠加在地籍图上。[27]

同时，在当时知名的项目中，埃武拉的马拉古埃拉（Evora Malagueira）社会住宅理应占有一席之地。这是个独特的案例，在葡萄牙后 1974 年的政治气候以外是不可复制的，西扎出人意料地设法整合和加强了他在地面上遭遇的几乎每个记号，包括边缘和非法的非正式建筑片段，甚至很长的实施周期（有时是南欧的特色）也成为他的优势。

2 土地作为景观文脉

当任何新的设计被视为它试图修改的景观的一部分时。在格雷戈蒂担任主编的时期，《卡萨贝拉》的编辑路线除了在各个方面深化"改造"的概念外，还始终支持规划和设计的融合，定期发表 B. 塞奇的文章，他后来将城市设计定义为地面设计，并在普拉托（Prato）、锡耶纳（Sienna）和贝加莫（Bergamo）的规划中清晰表达了这一概念，与公共开放空间相协同。[28]

文脉的概念起源于通过这种方法对建筑领域的研究，在对城市肌理的分析中，它延伸到未建成的景观，因此获得了重要的自明性，并影响了公共空间的愿景：从建成环境的结构性要素到带有自身识别性的自主的绿色基础设施。

关于这种新角色，最著名的例子可能是 1977 年的一篇理论文章《城中之城》（Cities in the city）中提出的城市是一个绿色群岛的想法。在构成该文件的 11 篇文献中，第 7 篇提出了一个不连续的城市，甚至可以容纳非永久性居民："事实上，这里的建筑，现在已经毫无价值了，应该被允许逐渐重新改造成自然地带和牧场，而不需要任何重建……这些城市中的岛屿，换句话说，将被绿色的条纹分割，从而定义城中之城的框架，解释城市作为绿色群岛的隐喻"[29]。绿色群岛的概念并没有在柏林实现，德国统一后，柏林作为德国首都的角色正常化，或许掩盖了它在 1980 年代初仍保留的某些特殊之处。

葡萄牙布拉加体育场，A. S. 德莫拉（Eduardo Souto de Moura，2001 ~ 2003）
布拉加体育场的模型，细心地插入一个废弃的采石场

《通过景观思考城市》，（Ariella Masboungi, Editions de la Villette, 2002）

1980 年代末，巴塞罗那奥运村（Vila Olímpica）将公共空间视为规划和地方政府干预的优先领域，并从此成为衰退地区修复和再开发计划的一个不变因素；随着时间的推移，对环境问题的理解也在不断发展（例如 2020 年巴黎规划）。

在瑞士的蒙特卡拉索（Monte Carasso）村，由于路易吉·斯诺齐（Luigi Snozzi）的能力和毅力，提契诺学派通过精心设计场地和公共空间来进行重建，树立了一个也许在欧洲是独一无二的榜样，尽管这仍然是一个孤立的案例，并没有说明如何以清晰的方式提前监管这种城市蔓延。

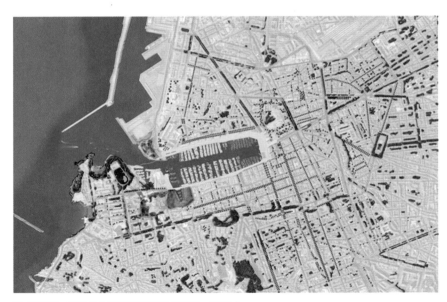

M. 德维涅，马赛公共空间规划指南（2012 ~ 2014）

法国伊苏登（Issoudun）规划，M. 德维涅，2003 年
用强大的场地设计来提出一个农业和森林区域的植物框架，并在其中插入新的居民点

A. 布里：大裂缝，1985～1990 年
1968 年，摧毁吉贝利纳镇的地震发生后，A. 布里提议用碎石和混凝土混合在一起，创造一个人造土壤，在那里雕刻历史中心的街道地图

公共游泳池，Leça da Palmeira，葡萄牙，A. 西扎，1966 年
一个著名的设计，因为平衡了自然环境和新的精心制作的人工制品而备受赞赏

3 土地作为设计材料

土地作为设计的物质和概念"材料"：土建筑和土地作为建筑。

这一理念贯穿整个 20 世纪，从 1944 年赖特设计的第二个雅各布斯（Jacobs）住宅，到 1969 年加贝蒂和伊索拉（Gabetti & Isola）的一系列设计，包括在伊夫里亚西部的住宅（Ivrea's Residenziale Ovest）。但自 1990 年代以来，它变得至关重要，景观设计师参与修复了被人类活动（工业区、基础设施、垃圾填埋场等）改变的大型棕地和废弃空间的工作，其成果也表明通过对土地的改造，让衰退的城市空间恢复生态作用的可能性。几年后，在美国这类项目开始委托给大地艺术的知名人物，如 R. 史密森[30]，他利用艺术家的巨大自由，他们的文化参考包括从前城市文明在地球上留下的印记到自然动态产生的地面形状。正如我们将在第三节中看到的，在当代地景中，这是一个既具有启发性，又难以复制的剧目。

在那些最有趣的例子中，我们必须提到那些唤起景观结构并从现代城市转型之前获得灵感的作品，如乔治·德贡布（Georges Descombes）的《瑞士之路》（Voie Suisse）[31]，以及荷兰对风暴潮大坝的预期经验为代表的水治理作品。随着气候条件的恶化，这将具有决定性的重要性，直到将新的基础整合到景观中的项目。

当景观设计与城市修复相结合时，获

得了巨大的声望。这种结合，在没有明确的风险防御功能的情况下，土地的设计影响了整体构成。除了在 IBA 鲁尔工作的德国景观设计师，还有凡尔赛国家高级景观学院（École nationale superieure de paysage）的法国园林设计师，该学院位于勒·诺特尔（Le Notre）设计的凡尔赛公园的中心，这一传统仍在延续。

米歇尔·德斯维涅（Michel Desvigne）是 M.科拉汝的学生，他研究了从地理尺度到景观设计细节的许多主题。他重新诠释了美国公园的传统，并强调了自然地理的特征，建议对欧洲郊区进行改造[32]。这些提议的成功令人震惊。

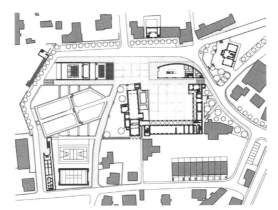

蒙特卡拉索

路易吉·斯诺齐在 1970 年代和 2000 年代初设计的住宅平面

鸟瞰图

敦刻尔克总体规划（J. 布斯克茨，M. 德维涅，2009 ~ 2012）

Dominus 酒庄，由赫尔佐格和德梅隆于 1998 年在加州纳帕河谷的庸维尔建造

低层建筑还是建成景观？

让我们的关注范围更接近建筑和施工领域，那么就有必要谈到那些低水平建筑，其高度基本上限制在 1～2 层，目前用于生产、贸易、仓储、体育、娱乐和文化活动，也用于交通枢纽，最近还用于急诊医院。它们通常完全覆盖了城市以外的大片地区，突出特点是它们的建筑和空间的质量非常差。

由于二战后人工空调和照明领域的快速发展，这些类型的建筑变得可行，并取代了棚屋顶的传统工厂，勒·柯布西耶在战前的"绿色工厂"方案中也曾使用。虽然勒·柯布西耶继续研究水平建筑来自上方的自然采光，并设计了特殊类型的屋顶，仍然可以看到或感受到室外（1964～1965 年在 Rho 的奥利维蒂[1]总部，1965 年的威尼斯医院，以及此前 1957～1959 年在东京、1957 年在艾哈迈达巴德建造的无限增长的博物馆），但目前的生产导向了完全封闭，盒状的建筑容纳了屋顶上的所有技术装置，与外部没有视觉联系。[33]

[1] Olivetti，意大利著名打字机制造商，1908 年创建于都灵附近的伊夫雷亚，以经典的设计著称，如今已是生产电脑、手机和打印机的国际知名企业。——译者注

"建成景观"
H·赫茨伯格 1993 年为慕尼黑北部弗莱辛商务园区的设计方案

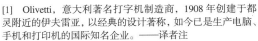

汤姆森在巴黎的工业厂房，建筑设计：伦佐·皮亚诺，景观设计：M. 德斯维涅

或许正是因为文丘里夫妇在美国城市经验中的认知，这一主题获得了新的论据，按照他们的说法，宽而矮的建筑满足了当代的几种需求（存储、展示和销售商品，生产和组装制造的产品，从事各类第三产业的工作，吸引大量人群参加娱乐活动等），具有 20 世纪的特点，与过去高大的纪念性建筑形成鲜明对比，如哥特式大教堂。这是一种简陋的普通工业产品，很容易装上空调，必要时还可用标志和广告牌使它成为标志性建筑。[34]

这是一种务实的方法，在欧洲，这种方法与（罕见的）寻求水平建筑质量的设计相矛盾，例如 1988~1990 年间，巴黎的汤姆森工作室源自伦佐·皮亚诺与米歇尔·德斯维涅在景观方面的合作。赫尔曼·赫茨伯格的一些项目更接近我们的土地主题，比如 1993 年慕尼黑北部弗莱辛（Freising）商业园区的竞赛。他打算用"建

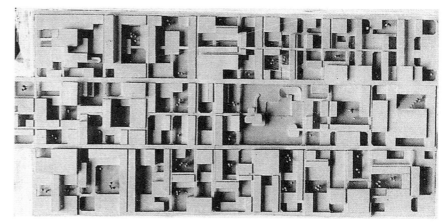

柏林弗雷大学模型（Candilis, Josic and Woods，1963，1974 年建成）和图书馆修复与扩建后的现状（建筑师：Foster，1997），及其更新（建筑师：F. Nagler，2004）

勒·柯布西耶的水平建筑方案：上图是 1939 年无限增长的博物馆，下图是 1965 年威尼斯新医院方案

成景观"（Gebaute Landschaft）的术语来开启新工业区的主题，它们通常是自治建筑的最后停车区，在寻求多样性方面都是相似的，并且在他们主张的识别性方面都是一贯地循规蹈矩……与其用另一组建筑侵入地景，我们在场地插入了一段建成景观……一个被挖掘出来的，或确切地说成组建造的人工山丘……。[35]

Transferia 是由大都会建筑事务所（OMA，Office for Metropolitan Architecture）发明的拉丁词，是一个更激进的提议，将多式联运换乘中心和大型公共停车场合并

到主要高速公路枢纽的地面设计中。实际上，地基和土方工程作为城市设计的主要工具似乎是 20 世纪建筑的一种原型，经常出现在具有高度象征价值的纪念性建筑群的概念中：昌迪加尔国会大厦（专门为其设计了一个盒子）和路易斯·康为巴基斯坦第二个首都孟加拉国达卡设计的项目（两者都与印度独立的重大事件有关），康写道："因为这是一个三角洲地区，建筑都在地形上组织。地形的起伏来自池塘和湖泊的挖掘。我也用湖的形状作为布局和划界的原则。三角形的湖泊设计用来围合住宅区和议会大厦，起到了尺寸控制的作用。"[36]

与柯布西耶的国会大厦不同，达卡的政府中心已经完工，人们可以欣赏康的设计成果，并充分理解他对于地面的独特阐释，同样也是对于土地和水：这也有赖于他的合作者的贡献。在这个案例上，对

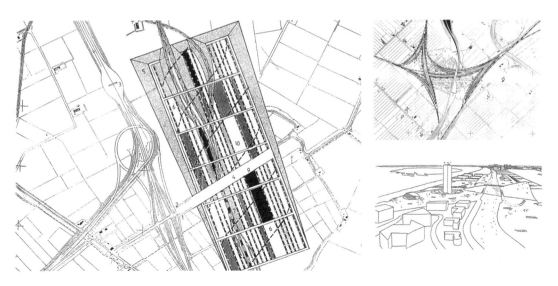

OMA，Transferia，1991 年
围绕城市建立大型停车立交，以公共交通取代小汽车

于本文的意图，R. S. 沃曼（Richard Saul Wurman）是《路易斯·康的笔记与绘画》（the Notebook and Drawings of Louis I. Kahn，Falcon Press，1962）的作者，书中收集了他的草图和笔记，他也是著名的模型制作技术的发明者，当时那些模型照片传遍世界各地。他在《让城市变得引人注目》（Making the City Observable，MIT Press，1971）一书中也提到了这一点，在着手他的著作《城市形态与意图》（City Form and Intent）时，世界上许多城市通过按比例的模型来比较，用黑白来建构和拍摄，为了带来一种土地、建筑、植被、道路、水系被塑造成单一材料的意图，以黑白照片来呈现，就像一种非常粗颗粒的灰色，其中黑色的水系很突出。[37]

路易斯·康，孟加拉国议会大厦，达卡，1962~1983 年
鸟瞰

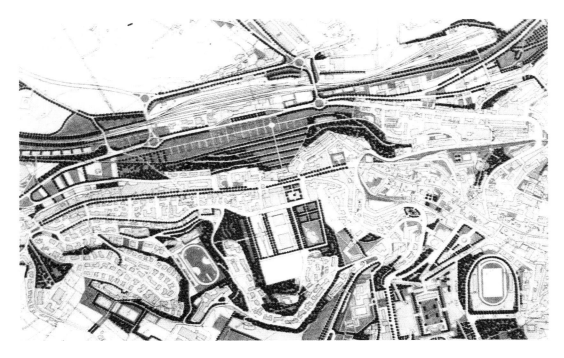

锡耶纳控制性规划中的车站区域的
"地面设计"，B. 塞奇，1990 年

作为地面设计的城市规划

在城市规划领域，关于这一主题最知名且公认的贡献中，塞奇的设想尤为突出。他自 1980 年代初以来一直参与意大利城市边缘区的讨论，提出到战后的增长结束后，思考未来城市和测试新的城市住区模式已不成问题。未来的城市已然存在，即使像意大利这样的国家，非正式建造和土地投机已经深刻改变了地域的平衡，其任务是修复过去 30 年的居民区[38]。塞奇开始使用两个术语："修补"（ricucire），表示对当代城市不完整和异质性碎片的耐心修复与重组工作；而"宽容"（pietas）则意味着对地面上的建筑持一种宽容、尊重和积极的态度，无论它的价值如何，以及

是否满足我们作为建筑师的期望。

在意大利的风景之外，1974 年后，波尔图学院的建筑师在现场发展了一种独创的设计实践，不用先入为主的设想，整合

（右图）杜罗山谷中的波尔图 ilhas
鸟瞰图

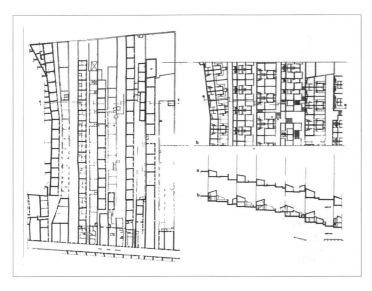

波尔图 ilhas 修复：安塔斯（Antas）的设计和局部实施

和改进他们在现场发现的一切，甚至是非正式住房的边缘和滥用的结果。激发他们的是当时的政治革命带来的对未来充满了前所未有的信心，以及在日常教学中传承自现代传统的地方技术—艺术文化，在1950年代和1960年代的独裁统治中毫发无损，在非洲殖民地也创作出了极具价值的作品[39]。这使他们感到自己为复杂条件作好了专业准备：对自己有能力积极推动全国各地自发产生的参与倡议充满信心。

意大利的情况正好相反。在政治层面上，西方世界最大的共产党在达成共识后，对1973年9月圣地亚哥军事政变所造成的国际局势表示担忧，采取了一种极端谨慎的路线。此外，在1960年代末，大学教学的危机破坏了技术专长、专业精神、个人承诺和政治参与之间的复杂平衡，使意大利建筑在战后重建时期脱颖而出。[40]

随着1974年4月25日的葡萄牙革命，社会住房项目启动了，建筑师深入参与了这一过程。在波尔图，该计划非常谨慎而有效地用于修复城市街区内部建造小型工人住房

120

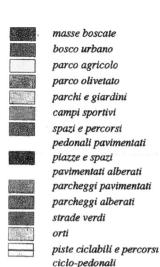

- masse boscate
- bosco urbano
- parco agricolo
- parco olivetato
- parchi e giardini
- campi sportivi
- spazi e percorsi pedonali pavimentati
- piazze e spazi pavimentati alberati
- parcheggi pavimentati
- parcheggi alberati
- strade verdi
- orti
- piste ciclabili e percorsi ciclo-pedonali

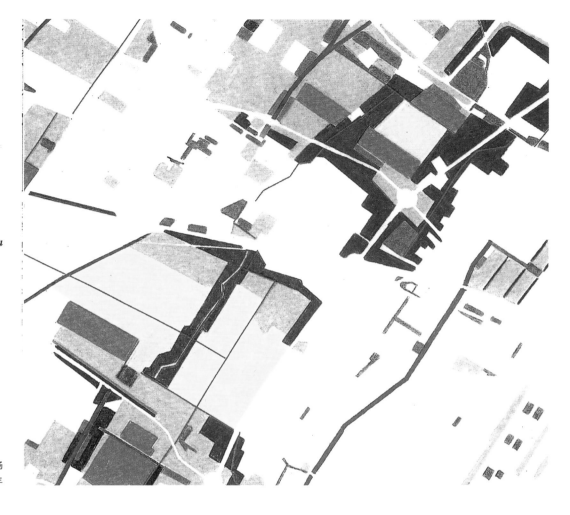

普拉托（Prato）控制性规划中的场地设计要素，塞奇工作室，1996 年

在建筑学院中，对独立于每位老师个人魅力的学科重建有很高要求，而塞奇所在的威尼斯—普雷甘齐奥尔（Venice-Preganziol）新城市规划学院就是这种意义上的尝试。经过多年的纯粹研究，他最终被任命为专业人员制定总体规划时，塞奇是第一批尝试基于城镇设计（piano disegnato）的新规划模式者之一，伴随着具体的技术法规和示意性项目的图形展示，取代了功能分区。他最早的作品——耶西（Jesi）、普拉托和锡耶纳的控制性规划，用详细的区划附有彩色地形图，并为最重要或有问题的地点预先编制了城市设计（柏林 IBA'84 的图纸使用了 1：2500 彩色地图），他尝试用较少形象化的黑白图片来为他基于地面设计的规划方法提供客观依据，就像在贝加莫控制性规划中所做的。他曾与维托里奥·格雷戈蒂合作过

《卡萨贝拉》杂志，在当时有效地促进了建筑与城市规划的统一。与格雷戈蒂不同的是，塞奇并没有试图在自己的规划中采用源自美学的规划传统表述（贝尔拉格，沙里宁，格里芬），也没有借鉴从切维拉蒂到卡尔德里尼（Cervelati–Cardellini）有时会使用的经典地图绘制术。

相反，格雷戈蒂事务所（Gregotti Associati）在当时的规划中常常将法规要求的功能分区和"结构图"与主要场所的详细视图结合起来（参见 Leghorn 规划中编制的研究，即所谓的"陆海之门"），甚至没有为可预测的选项和变化留出空间，它们有时几乎破坏了规划设想，就像发生在都灵 Spina 3 地区。

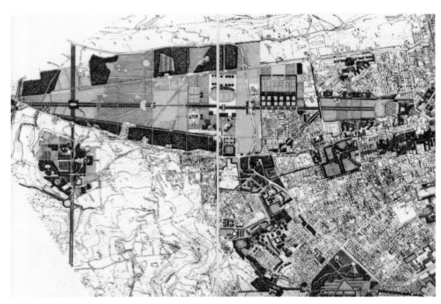

萨索洛控制性规划的一般变体：城市转型（T. Lugli 团队，1984）

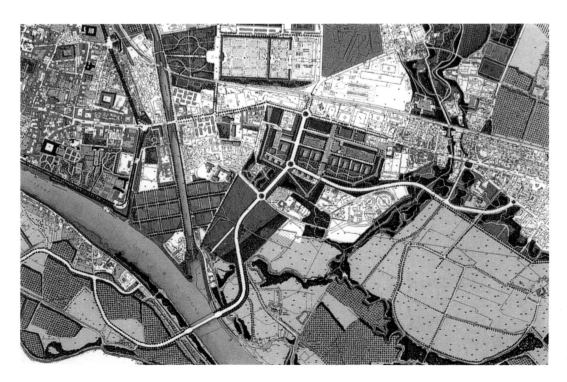

帕维亚（Pavia）控制性规划，格雷戈蒂事务所（1995）

巴勒莫历史中心规划，帕皮雷托地区（L. 贝内沃洛、P. L. 切维拉蒂、I. 因索莱拉等，1989）

这是一种将设计的单一性和传统视觉文化进行形式控制的有效性视为理所当然的过程。对此，值得我们重提 1980 年代末贝内沃洛和塞奇之间的一场讨论，甚至是极度的争议，关于一些包含详细的场地规划和建筑方案新的土地使用规划，B. 加布里埃里（B. Gabrielli）、I. 因索莱拉（I. Insolera）和 S. 图蒂诺（S. Tutino）也做出了贡献。贝内沃洛认为，他们对建筑解决方案的预期是无效和不负责任的，实际上在规划层面是无法控制的；而塞奇则认识到在地面设计的同时提供类型正确的初步方案的优点。30 多年后，有必要重读贝内沃洛在他文章末尾所写的内容："要做到这一点，就必须提醒注意：单个项目不能相互邻接，产生不可分割的相互影响的迷宫，但必须在总体方案内部合理隔开，使它们的边缘都受到周围布局的影响，其高度可以通过一些简单的规则来控制："只要类型选择的分散性仍然很强，第一个现代传统的连续环绕空间就成为城市规划的一个必要保障"。[41]

进入复苏文化，需要新的共同聚居规则来将建筑与地面密切联系起来。在普遍放弃开放行列式建筑带来的不安全气氛中，有两种选择：1. 将实施细则转化为单一的场地初步方案；2. 绘制一份详细的地

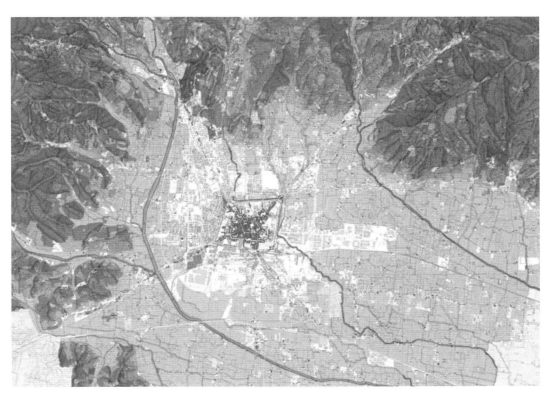

皮斯托亚结构平面图，恒久性要素（P. L. 切维拉蒂、G. M. 卡尔德里尼、D. 佩奇奥利，2002）

都灵控制性规划（详图），格雷戈蒂事务所，1993～1995年

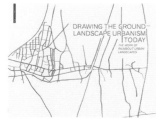

关于 F. 帕尔姆布作品的两本主要出版物：他的设计作品集和他的旅行与工作速写本

面设计图，总结并代表平面图。

当时，第二个选项广受欢迎。一方面，它解决了人们对虚空、未建成区域的普遍关注，支持了广大受众对现代规划师提出的解决城市空间和公共场所的迫切需求。另一方面，它强化了这样的构想，即将城市规划实际上作为设计一个综合的公共工程网络（基础设施、公园、服务设施），而不再与区划、建筑指标和法规共同运行。这也被认为是一种对过去控制不良的私人建筑造成损害的补偿，但绝不是一个安全稳妥的举措，因为"地面设计"的概念远非不言自明，也没有获得城市规划立法的承认，可能会过度承载重建城市规划实践的不切实际的期望。

正如荷兰建筑师 F. 帕尔姆布所写的，"城市的地表和景观已经被时间所标记，带有地质构造、水的流动与蒸发、侵蚀和沉积的痕迹；土地的季节性耕种，动物、人和车辆的流动的痕迹，以及以城市化和工业化为目的的严谨干预……城市设计是某种'重构'，总是在新的和保留原样的事物之间产生一种具体的关系，而后者在数量上往往占主导"[42]。事实上，出于他的实用主义动机，帕尔姆布从未跨越"图绘"到"规划"的门槛。"绘制地面"（Drawing the ground）是他 1993 年在代尔夫特理工大学举办的他的设计展主题，突出了他的工作为如何推进既定的规划实践做出贡献。

格雷戈蒂在他的乌克兰一座新城国际竞赛的
方案前

卡拉布里亚大学新校区，1973 ~ 1981 年。项目在实施过程中得到了指导

维托里奥·格雷戈蒂：文脉、场地和建筑

文脉主义以及基于它建立的城市设计，在维托里奥·格雷戈蒂那里得到完整的理论表达：这是从 1970 年代到 1990 年代 30 年的城市规划与建筑的真实范例。他的城市设计思想以及对哲学、历史、地理、解构主义、社会学和城市规划（特别是对塞奇提出的规划概念）学科的开放态度，专注于现存结构的形式——形态学和类型学——与其说是不可触碰的束缚，不如说是获得一种"批判性距离"的起点。[43]

在城市公共项目的演变和危机之后，这段旅程的主要阶段，可以追随到他的一些引人注目的作品中。他在《建筑邻域》（ *Il territorio dell'architettura* ，Einaudi，1976）中首次定义了人类地理学景观的概念，这将成为他的大型项目的支撑，如佛罗伦萨大学和卡拉布里亚大学；在《看得见的城市：设计与建造城市》（ *La Città Visibile. Progettare e Costruire la Città* ，Einaudi，1993）中，他阐述了将在其城市更新理论与实践实验室的"都灵控制性规划"中找到的那些原则。

在最近的作品《批判现实主义建筑学》（ *L'architectural tura del realismo critico* ，Laterza，2004）和《可能的必要性》Bompiani，2014）中，格雷戈蒂反对目前将建筑简化为全球化导致的一种商业展示。

从 1960 年代末开始，他编制了一系列城市设计，均源自对地面构型的特别关注，凸显于对地形的阐释方式中。它始于位于奥尔良公园（Parco d'Orleans）的巴勒莫大学的科学系（1969～1988），那里的工作空间和"遵守随后土地递增配额"的大型基础体量在两端被"外墙"封闭，外墙深 3.60m，朝着反向坡度，用于容纳水平和垂直连接。

在 1970 年代的意大利，人们深刻感受到让自己的设计与对历史景观的普遍入侵保持距离的道德要求，建筑研究也旨在反思勒·柯布西耶在两次世界大战期间提出的主题，以及他对拉丁美洲和阿尔及尔的未来主义建议。佛罗伦萨大学（1971）和卡拉布里亚大学（1973～1976）的方案，记录了这种对地域地理在建筑学上的阐释。

一个类似的项目是切法卢（Cefalù）（1976～1979）的公共住房新开发项目，"横跨山谷沿标高依次布置一系列建筑物，类似于'水坝'，以阐释场地的形态学特性，能够起到历史中心防御系统的作用，来抵抗郊区的反向蔓延"。[44]

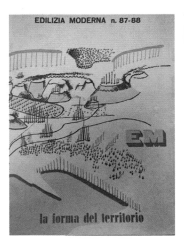

格雷戈蒂主编的《现代建筑》（Edilizia Moderna, 1963–1965），《评论》（Rassegna, 1979～1998），《卡萨贝拉》（Casabella, 1982～1996）

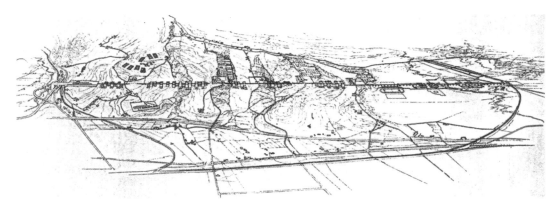

卡拉布里亚大学设计草图（1973～1976）

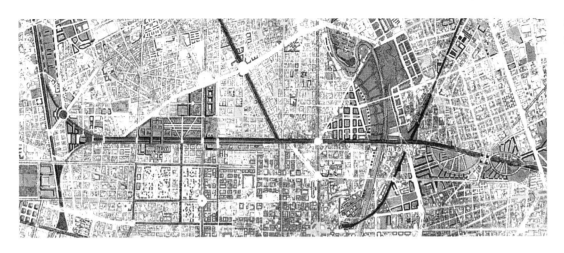

格雷戈蒂事务所，都灵控制性规划结构方案，选自 Spina 中心区，1990 年

1980 年代和 1990 年代，随着大型且费时费力的比可卡（Bicocca）项目的实施，以及后来在中国一些地区的复杂干预，工作室多次尝试将第一届比赛的直觉应用到单一专业委托提供的机会中。

这些研究最重要的部分是：

1. 山地建筑的主题：对古代聚居点的现代重新诠释，例如古老的意大利山城安科纳马尔凯区域总部（Marche Region in Ancona，1987 ~ 1999），一个阶梯式综合体，带有长长的拱廊和笔直的挡土墙。此前在 1981 ~ 1984 年，位于亚历山德里亚（Alessandria）的 Quattordio 化学研究中心，一个线性的反向斜坡的建筑延伸到工作空间，这是德卡洛（De Carlo）在乌尔比诺"三叉戟"学院（Urbino Tridente College）开始的研究，后来被广泛应用于锡耶纳圣米尼亚托（Siena-San Miniato）地区。

2. 建筑类型的发明，得益于对复杂和"明智"部分的仔细研究，可以接收和集

格雷戈蒂事务所，都灵，Spina 中心区理工学院扩建的初步方案（在建）

格雷戈蒂事务所，皮雷利 / 比可卡地区的修复（1985），实景

普拉（意大利撒丁岛）科技园，
1993～2007 年

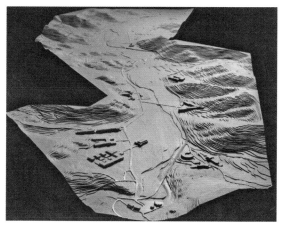

切法卢社会住房规划模型（1976）

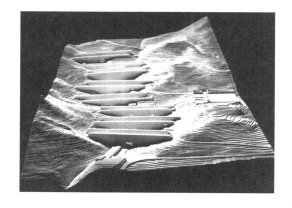

阿莫尼诺为 1963 年在米兰举行的"共产主义者和大城市"研讨会所写。但格雷戈蒂事务所的作品排除了"共产主义建筑师"有时是支持者的象征价值，如果不是斯大林大道（Stalin Allee，与 Interbau 公寓相反），他们也会饶有兴趣地看着红色维也纳。他们简洁的语言表现了"坚实"的石砌基础与连续的玻璃幕墙（如 1988 年贝伦 Belem 文化中心和 1994 年瓦尔达诺 Valdarno 医院）之间的对立，石砌基础形成了对地面的进攻（让饰面和通风墙面与传统墙体之间同化需要专业化和技术文化）。

中不同的活动，明确反对它们在场地上的碎片化和分散：

·摩德纳科拉索里（Modena Corassori）地区的详细规划（1984 年）；

·1989 年巴黎世界博览会。

这一研究同样可以铭刻在重建后的意大利建筑试图修正现代性的路径中："就此意义而言，当前所有识别具有多个未知要素的建筑主体的尝试，可以构成新城市建筑的第一道轨迹，这些要素能够承担与表达既有城市结构可替代部分的具体方案"，

3. 在最近的设计中，使用了具有多个轴线的平面图，其中建筑物遵循地面的形状，组成完整的图形，这些图形标记节点，隔着一段距离也可对话。撒丁岛普拉科技园（1996～2003）就是在此方面的一个实验。与此同时，格雷戈蒂事务所在城市规划领域首次亮相（阿雷佐、利沃

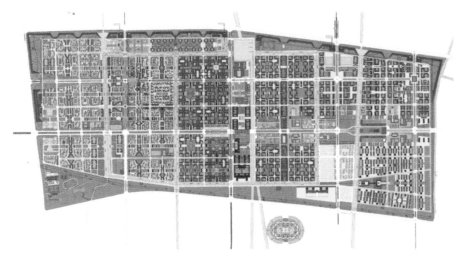

格雷戈蒂事务所，上海浦江新城规划（10万人，2001～2007）
（左上）总平面
（右上）表达城市肌理的渲染图，结合了高层建筑、低层建筑、公共空间和运河

诺、帕维亚、阿韦利诺、都灵的控制性规划……），这些规划对"规划图绘"（Piani Disegnati）的问题作出了特别的贡献（见前一章），那些年有很多此方面的讨论，并提出了原始的建议，用示例性的图形表示。规划的总体图形以"结构平面图"来明确呈现，它重新阐释了"美学的"前现代城市规划的规则，而不仅仅是图绘，包括那些鸟瞰。

规划的图绘表达与其实施规则之间的关系并不总是单一的，但通常，总体区划通常具有地面设计的特征，确保了量化的和功能上的解决方法遵循图纸的框架（如果没有规定的话）。

1982～1994年，作为《卡萨贝拉》杂志的主编，格雷戈蒂也在建筑学院传播并深入探讨了他的研究主题，开始了一场在欧洲几乎独一无二的设计实验。正是在这里，他在理论思考和实际应用之间，在

由俯瞰运河的别墅组成的邻里
中央大道的一段视图，两侧是政府大楼，右边是米兰工作室2003年设计的推广中心

他的"学派"的城市设计以及自己的评论之间，就许多主题进行了相互验证，这些主题后来被收入其论著中。《卡萨贝拉》当年的编辑路线集中在"修改"的主题上，并得到了广泛讨论，也受到批评（贝内沃洛）。但事实上，它以总结那一时期所有与此信念有关的主题而告终，即20世纪末的任务是对那些快速增长阶段的城市进行宽容而有力的改革，并对其文物的持续改造。这一任务铭刻在那一时期在政治上重建欧洲的理念中（《欧洲建筑的身份及其危机》，维托里奥·格雷戈蒂，Einaudi，1999）。

从现代欧洲城市的理念出发，米兰工作室从21世纪初开始进入其活动的最后阶段，在2017年工作室关闭之前，在中国城市发展的大熔炉中完成了数十个作品（竞赛、初步方案、城市规划等）。

将这些作品结合在一起的共同线索，是寻找一种更新到现代理性主义的城市设计，并在两种传统住房模式之间取得良好的平衡：中国古代的大型低层住宅和意大利的水城，它们的运河、大道、广场和公共建筑是城市结构的地标。尽管这些方案是基于对地面—结构元素的理性阐释所驱动的，但它们并不总是受到欢迎，它们与不受监管的市场相冲突，缺乏足够的公共干预，也与新兴中产阶级的品位相冲突，他们更喜欢从商业流行文化中汲取的装饰性"风格"。

面对过去几十年中国城市发展的全球化趋势，正如许多"生态城市"和大规模干预所显示的那样，土地最多起到了装饰作用。米兰工作室的研究即使被边缘化，仍然是一种基于现代城市民主理念的跨文化合作的有趣尝试。

普罗旺斯大剧院，普罗旺斯的艾克斯（Aix-en-Provence），格雷戈蒂事务所，2003～2007年

注释

1　Already at the end of the 1950s, the criticism of international style born within the Ciam had a profound influence on the language of architecture and radically changed it. On the contrary, the idea of land was not changed until it was closely connected to the large European social housing programs carried on until the 1970s.

2　This assessment can be applied to all Western European countries. But it is necessary to distinguish the places where expansion was entirely guided by plans through a regular and controlled process, from those, such as Italy, where irregular or totally abusive buildings played a leading role. There, the public control over land, a typical workhorse of the left, arrived belatedly with the first centre-left governments. In the first case, the turn towards recovering inner-city areas was intended to slow down a growth process that was not fulfilling the initial expectations. In the second, on the other hand, it was admitted that the existing city, as actually built, ought to be our scope. The participation of the left in the national government will give the means and the energy to recompose it in a new complex mosaic that architects have the task of imagining. Where the left achieved a belated success, as in Portugal in 1974, new energies were set in motion with unexpected results.

3　Like other large British social housing complexes, after the initial success, Park Hill went through a period of decay and degradation due to poor maintenance that amplified its structural defects and drove the inhabitants away. But his controversial inclusion in the lists of national architectural heritage (1998) and the integrity of the reinforced concrete frame saved it from demolition, starting an expensive but effective recovery path that also raised some criticism since, in the meantime, Robin Hood Gardens in London, built-in 1972 by the Smithson, was remorselessly demolished. Quite different is the fate of the Hansa Viertel, built according to a rather anonymous free- standing-building scheme, where the greatest architects of that time exposed their idea of urban housing to the general public, as in Stuttgart in 1927. Criticized in Italy by the communist architects who countered it with the urban values of the (then) Stalin Allee, it was presented in 2017 together with its Eastern counterpart to compare, unquestioningly, the two different roads followed during the German reconstruction and at the same time asking for the inscription in the Unesco heritage.

4　"Preservation without tears", *Architectural Record*, December 1979.

5　*De Dragers en de Mensen, Het einde van de massawoningbouw*, Scheltema & Holkema N.V., Amsterdam 1961.

6　«My address is neither a house nor a street, my address is the Soviet Union» words of a '70s song on the housing program started by Kruscev: 50 million prefabricated apartments between 1955 and 1985 to free the Russian people from cohabitation.

7　Since 1998 with *L'architettura nell'Italia contemporanea* until 2012 with *Il tracollo dell'urbanistca italiana*, Benevolo has dealt with this theme: «Foreign travelers who, starting from the XVII century, traveled through Italy in search of famous works of art, perceived the Italian landscape as a lived reality: a Mediterranean compendium shaped by a very remote history, surviving in the sphere of everyday life and become attractive to visitors from all over the world. Sometime later the Italians began to destroy the scenarios of those meetings, and today instead of those travelers we are there: we are the ones who are looking for some special places, where the thinning of modern signs lets us perceive, in limited areas, the fragments of that reality. Their complete disappearance, which could also occur in a short time, would make it impossible even to remember the meetings of that time, preventing the orderly transmission of spatial experiences from one generation to another» (authors' translation from *Il tracollo dell'urbanistica italiana*, Laterza 2012, p. 78).

8　The work of Rodrigo Perez de Arce is summarized in the book *Urban Transformations and the Architecture of Additions*: released the first time in 1978, it was republished in 2015 by Routledge, New York as an e-book. Maurice Culot's work and prolific career are known even better. For this essay it is worth recalling the teaching at the school of architecture and visual arts La Cambre in Brussels between 1969 and 1979, commented, with critical acumen, by Jacques Aron in its essay *La Cambre et l'architecture*, Mardaga 1982).

9　See *Eupolis*, A. Clementi, F. Perego, eds. Laterza, Bari 1990, and in particular for Italy: P. Di Biagi, su *Eupolis* 1990, cit. and *Urbanistica*, no. 85, 1986.

10　To reduce social and environmental disparities between 'the East and the rest of the city', it is a masterplan, devoid of prescriptive value, which aims at coordinating numerous projects for renovation of brownfields and degraded areas, with the purpose to upgrade public spaces and facilities, create new workplaces and build social and private housing.

11　Apur, founded in 1967, started a new planning strategy shifting its attention from heavy urban renewal to soft renovation, as we can see in the magazine *Paris Projet*, in particular the issues: 21-22, 1982, "Politique nouvelle de la rénovation urbaine"; 27-28, 1987, "L'aménagement de l'est de Paris"; 29, 1990, "L'amémagement du secteur Seine-Rive gauche"; 30-31, 1993, "Espaces publics"; 32-33, 1994, "Quartiers anciens, approches nouvelles".

12　The reports by Owen Hatherley (*Landscape of Communism: a History through Buildings*, Penguin, 2015; *The Adventures of Owen Hatherley in the post-soviet space*, Repeater Books, London 2018, or the numerous articles as "Squares: how public space is disappearing in post-communist cities", *The Guardian* 21.4.2016, or those published on *The Calvert Journal*), describing the architecture and cities of the former Soviet Union emphasize the characteristics of an urban space built with aims other than profit and highlights its relevance and topicality.

13　A timely account of the transformations of these cities may be found in the cited writings by Owen Hatherley.

14　V. Gregotti, "Aree dismesse, un primo bilancio", *Casabella*, no. 564, 1990.

15　Authors' translation from M. Smets, "Una tassonomia della deindustrializzazione", *Rassegna*, no. 42, 1990, p. 12.

16　Luca Nespolo, *Rigenerazione urbana e recupero del plusvalore fondiario. Le esperienze di Barcellona e Monaco di Baviera*, Edifir, Firenze 2012.

17   M. Cerruti But et al., "Territori nella reindustrializzazione", *Territorio*, no. 81, 2017. In Italy, in 1998 the law was passed that established the Apea (ecologically equipped production areas): this policy will develop fully in the next phase without however recording significant results.

18   A. Lanzani, "Un commento: geografia della produzione e questioni urbane emergenti", *Territorio*, no. 81, 2017.

19   See "Dialogo con G. Corò", *Territorio*, no. 81, cit.

20   The competition for the Barene di San Giuliano in Venice, 1959, might be considered a watershed because, for the first time, the hegemony of orthodox modernist design (Barucci, Benevolo, Cocchia) is undermined by the 'aesthetic-planning' of Quaroni and from the typological–traditionalist approach of Muratori.

21   A summary of the original characteristics of urban design is published in: N. Portas, "L'emergenza del progetto urbano", *Urbanistica*, no. 110, 1998. In the end, however, contextual urban design, born as a useful tool to promote environmental quality, was distorted in practice by strong interests in real estate which, separating design from its realm, destroyed its authentic meaning and generated the criticisms and distrust of inhabitants (as recently and repeatedly recognized by Gregotti himself, a firm supporter of it). In his way also the contextual approach is involved in the recent crisis of design and planning. See P.C. Palermo, D. Ponzini, "At the Crossroads between Urban Planning and Urban Design: Critical Lessons from Three Italian Case Studies", *Planning Theory and Practice*, Vol. 13, No. 3, September 2012; P.C. Palermo, D. Ponzini, "Spatial Planning and Urban Development", *Urban and Landscape Perspectives*, Vol. 10, Springer, 2010. It remains to be seen whether the ongoing climate change will be an opportunity to launch a new kind of interdisciplinary environmental-friendly design that incorporates the initial topics.

22   André Corboz, "Le territoire comme palinpseste", *Diogène*, no. 121, 1983.

23   Leonardo Benevolo, *I segni dell'uomo sulla terra. Una guida alla storia del territorio*, Mendrisio Academy Press, 1999.

24   It did it with a considerable delay compared to the visual arts since in 1974 Marco Ferreri had found a way to shoot his film *Don't touch the white woman* (M. Mastroianni, C. Deneuve, M. Piccoli) in the big 'hole' dug in the center of Paris for the highly contested demolition of the Halles. Not only did Ferreri make the protagonist of his film the ground of the French metropolis, revealed by a huge excavation driven by mere megalomania without yet having a clear program (the architectural competition was a flop), but he also had the intuition to set the defeat of the strong powers: General Custer against Indians Sioux at the Battle of Little Big Horn.

25   «The structural design of this residential neighborhood, small in scale and only partly built as yet, is not based on principles of construction but on the nature of the actual building site. Centuries ago the area was artificially divided by a parceling system consisting of long, parallel ditches – a traditional characteristic of the local landscape, which was to be preserved at all costs. It is common practice in the Netherlands to prepare unsuitable construction sites for building by first depositing a bed of sand several metres thick to serve as the foundation for roads, drains, ecc.; this naturally erases every trace of the underlying landscape, thereby providing a clear slate, upon which an entirely abstracted plan can be realized regardless of the nature of the terrain. But in this case, grateful use was made of the 'natural' articulation of the site upon which to base the urban plan. The main outline of the plan was to build on the narrow strips between the ditches, and because the strips were not wide enough to accommodate a street lined on both sides with dwellings and gardens, the buildings were slotted together, which yielded a profile of very narrow streets threading partially overlapping structures. Thanks to this solution it was possible to keep the space required for the sand foundation and the infrastructure of streets and drains, down to the barest minimum, i.e. as far removed as possible from the ditches (or rather little canals) in order to prevent transgression of the banks due to lateral pressure. This specific layout was thus wholly engendered by the restrictions and possibilities of the original site. The ditches or little canals were thus retained in the plan; the banks were reinforced according to varying methods, and where they mark the end of private gardens they have taken on variegated appearance under the influence of their new function. Not only did the existing articulation and parceling of the landscape yield a highly specific layout in this case, the resulting architecture in turn gave the ditches a new look. Thus the basic structure played a crucial role in the disposition of the buildings, and vice versa: basic structure and buildings reciprocate on the level of form. In retrospect, one could argue that the plan as it was realized does not sufficiently manifest the underlying intentions. The main reason for this is apart from the fact that the plan has not reached completion, that it was not carried out by more than one architect. The scale of the project was too small to permit engaging more architects, and unfortunately the truly generative potential of the basic motif - which is at least manifest in the ditch embankments - was thus not fully exploited with regard to the buildings themselves.» (Herman Hertzberger, *Lessons for Students in Architecture*, Rotterdam 1991, pp. 115-116).

26   The urbanization project was rejected despite being justified precisely by the need to obtain compensation funds for conservation and restoration of the landscape. This story demonstrates that in the economic balance, rather than deriving the cost of landscape conservation as a counterpart for urban development, it is necessary to shift this cost to land maintenance items.

27   Bruno Fortier, *La Métropole Imaginaire, un Atlas de Paris*, Mardaga 1989.

28   Bernardo Secchi, "Progetto di suolo", *Casabella*, no. 520-521, 1986.

29   Seventh thesis of the document "Le città nella città. Berlino. Proposte della Sommer Akademie per Berlino", O.M. Ungers et al., *Lotus*, no. 19, 1978, p. 90.

30   Robert Smithson, *The Collected Writings*, University of California Press 1996.

31   Georges Descombes, "Shifting sites: The Swiss Way, Geneva", on *Recovering Landscape. Essays in Contemporary Landscape Architecture*, J. Corner (ed.), Princeton Architectutal Press, New York 1999.

32   *Le paysage en préalable, Michel Desvigne Grand Prix de l'urbanisme 2011*, Ariella Masboungi (ed.), Editions Parenthèses, Paris, 2011; see also the website: MDP Michel Desvigne Paysagiste.

33   Appointed in 1945 to chair the first post-war French Congress of Aviation, he even proposed underground airports emerging only 3,5 meters above ground level, a two-dimensional architecture to free the view of the "magnificent aircrafts", *Œuvre Complète*, vol 4° p. 199.

34   R. Venturi, D. Scott Brown, S. Izenour, *Learning from Las Vegas*, Cambridge, Usa, 1972.

35   Herman Hertzberger, *Space and the Architect. Lessons in Architecture 2*, 010 Publishers, Rotterdam 2010, p. 245.

36   *The development by Louis I. Kahn of the Design for the Second Capital of Pakistan at Dacca*, Student Publications of the School of Design North Carolina State of the University of North Carolina at Raleigh, Volume 14, no. 3, 1964, comment on drawings 1, 2, 35.

37   Similar remarks can be made regarding the models created for a spectacular exhibition: *Frank Lloyd Wright: Designs for an American Landscape*, 1922-1932, held in 1996-97 at the Library of the Congress in Washington, and still available on its website, in which models built with bentwood sheets helped to highlight the landscaping value of a series of unrealized projects known and appreciated above all for their architectural quality.

38   Until then it was hoped that the new 'planned' developments would at the end balance-replace the mass of speculative expansion: «a huge periphery to be destroyed» Benevolo had written about Rome.

39   Ana Tostões (ed.), *Modern Architecture in Africa: Angola and Mozambique*, Fundação para a Ciência e a Tecnologia) 2013.

40   Carlo Melograni, *L'architettura nell'Italia della ricostruzione. Modernità versus modernizzazione*, Roma 2015.

41   "Benevolo e Secchi polemizzano su piano e progetto", *Casabella* 563, Dicembre 1989, pp. 34-37. See also: B. Gabrielli, "I piani disegnati: un contributo al dibattito", *Casabella*, no. 588, 1990.

42   Frits Palmboom, *Inspiration and Process in Architecture*, Moleskine Spa 2014, p.17.

43   Amongst the numerous articles on *Casabella* by V. Gregotti, see: "Progetto urbano: fine?", no. 593, 1992; "Valore politico del disegno urbano", no. 596, 1992; "L'architettura del piano", no. 487-488, 1983; "Modificazione", no. 498-499, 1984; "L'architettura dell'ambiente", no. 482, 1982; "Posizione-relazione", no. 514, 1985; "In difesa della ragioneria urbanistica", no. 526, 1986.

44   The studies of architectural history on the professional practice of well-known authors such as Berlage, Saarinen, and Griffin, show that these documents were a lot more than illustrations of an already established plano. In the plan of Amsterdam South the 'basis' of the perspectives views, defined the 'right' points of view (like the hill of Bellosguardo for the historical views of Florence) and accompanied the conception of the projects.

专题 1　IBA 鲁尔：收缩地区地域修复的地面

在这一阶段，将地面纳入地域规模的修复项目的最具代表性的例子是 IBA 鲁尔。鲁尔区是德国重工业的历史重镇，属于一种被采矿和工业生产污染的城市和区域，对治理和重组衰退、污染的土地，改善城市生活是一个极端的例子。

矿山和相关产业的关闭造成了严重的经济危机，使该地区成为一个真正的"收缩地区"：城市人口与就业减少，人口外迁，城市与自然景观衰退。

评论家一致认为这一地区是地理尺度上的试点经

（左上）1950 年代蒂森克虏伯在杜伊斯堡的工厂

（右上）今日的埃森工业区

埃姆舍河公园方案

验，但不像其他也实施了大尺度修复的城市化程度较低的地区，它预示着欧洲城市的新城市状况，在这种情况下，在当代危机中，大量的废弃地区、未被充分利用的和废弃的建筑，需要新的方法在社会实践中重新整合，新陈代谢，而不仅仅是重新利用和再开发。

IBA 埃姆舍（Emscher）公园于 1989 年建立，1999 年关闭，以促进该地区在长期城市与生态修复基础上的转变，已经制造了一个真正的"修复地图集"，其中"重新征服"可居住土地是各种不同项目所必需的参考背景，从战前住宅区的修复，到新的生态友好社区的联排住宅或公寓的建设，到商务园区、实验学校，再到修复文化、娱乐、艺术活动（或者仅仅是花园和步道）的巨大工业建筑群，带有自己的设备和机器。所有这些都沉浸在一个以埃姆舍河为轴的组织清晰的公园里。

这是一个长期的计划：预计在 2024 年完全实现，也就是项目开始后 35 年。用"前瞻性渐进主义"来解释，它通过简单的项目协调来实现，而不是一个总体规划；实施了约 100 个项目，其中埃姆舍尔河的整治起着支撑结构的作用。[1]

公园的设计遵循河流的流向，通往煤矿工厂的道路在埃姆舍河道的两侧呈鱼骨状排列，将以前因采矿而形成的空旷荒凉的空间转变为绿化带、树林和农业区，将碎片化的地域缝补在一起。河流及其流域同时是净化土壤的工具，也是修复的主要对象（通过河岸的再自然化、生物净化、减少水的流失）。除了中央公园，围绕着居住区还形成了一条绿带，具有生物气候学和控制污染功能。

因此，在地域尺度上可以获得土地回报，地景以大地艺术为标志，在远处的景色被重新征服，如 R. 塞拉在埃森的一个小煤渣山上建造的作品：一个 8m 高的钢叶片，从远处看像一个地标。大地艺术作品被绿色

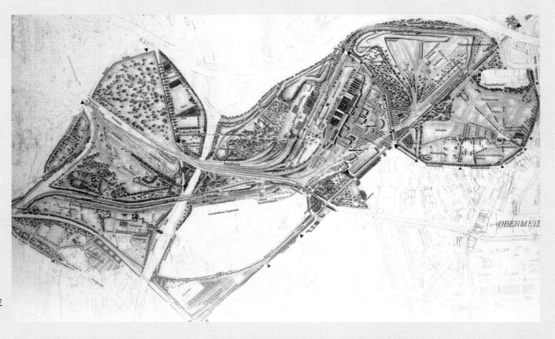

杜伊斯堡北部公园总体规划，拉茨事务所，1990 ~ 2002 年

鲁尔的工业废墟进入了沉浸在景观中的纪念碑的古典崇拜，它们的旅游成功唤起了一种在"现代废墟"中的盛大之旅（Grand Tour）

（左图）拉茨事务所，杜伊斯堡北部公园，细节

（左下）拉茨事务所，杜伊斯堡北部公园，工业区的再自然化

（右下）C. 洛兰，马德里普拉多博物馆，《圣塞拉皮亚的葬礼》(The funeral of Santa Serapia，马德里普拉多博物馆，1639 ~ 1640)

空间包围，其强大的象征价值引发了人们对废弃建筑是否真的需要精确功能的疑问。

事实上，尽管有大部分废弃的建筑可以重新使用，但许多地方似乎不适合转换为其他功能。工棚、高炉、机械、特殊建筑和工业遗迹，如果修复起来过于复杂或昂贵，则可以作为现代性的废墟保存下来，点缀一些绿色植物，进行基本的维护工作，并作为过去文明的古老遗迹供人冥想。大多数建筑已被修复用于社会和文化功能，但有些部分，如巨大的机械，被简单地当作家具处理，现在作为地标浮现在植被中。IBA 埃

姆舍公园关闭后，地域管理发生了变化，采用了区域规划的方法。一方面，通过所谓的"区域"计划，推动了跨城市规划和单个的方案；另一方面，为该地区制定了一项规划（2005年），共同解决水系（运河、河流）和绿地（蓝绿基础设施）的问题，促进对气候变化冲击的适应，降低相对风险和潜在损害。随后的《2020年埃姆舍流域景观规划》更明确地将抵御气候变化作为中心目标。这两项规划都在推动仍在进行中的一个

新项目的周期。

　　该区域的经济危机问题还没有完全解决，也因为它不是这些措施的主要目标："IBA不是一项经济发展战略，因为其目标不是促进创新和就业，[2]而是为成功的经济发展消除物质、身份和形象的制约。"此外，其成果归因于一种可能是无法复制的治理能力：鲁尔地区作为一个特殊的场所，具有适度的矛盾，柔性参与程序（自上而下主导），其中国家在相关主体之间（困难

（左上）由焦化厂改造而成的文化中心，2001年被联合国教科文组织列为世界遗产。游泳池由两个集装箱组成（建筑师：Pasche 和 Milohnic, 2003）
（右上）盖尔森基兴住宅区（Gelsenkirchen Siedlungen）的修复：前景是矿渣山改造成的公园
（右图）Jourda-Perraudin 建筑师事务所，Desvigne-Dalnoky 景观事务所，Mont Cenis 学院，赫尔内（Herne），1999：学校，图书馆，办公室，住宅

建在费石场（采矿的矿渣堆场）的圆形剧场，位于 Bottrop 的 Haniel

前矿工关税同盟的焦化厂，（R. 库哈斯，H. 波尔等的方案，2001）

的）合作中扮演了调解者和组织者的角色。由于公共的土地所有权、能找到运营机构以及较少社会争议问题，一些经过选择的干预肯定会取得成功。W. 齐贝尔（Walter Siebel）将这种治理模式定义为一种矛盾模式："开明的民主专制主义，或者协商性的专政。"[3]

这些"现代废墟"的排列在多大程度上有助于建立一种新的城市模式尚不清楚，但研究结果证明，当地域成为政府决策的中心时，无论是以前瞻性渐进主义的形式（即开明的民主绝对主义氛围中的实验性实践），还是更全面的规划，渴望改善城市生活质量的项目都是以土地和地面为关键参数。

1 K.R. Kunzmann, 2018, In retrospective：the Iba Emscher Park, sul sito www.arch.ntua.gr.
2 K.R. Kunzmann, op. cit.
3 "La ristrutturazione della Ruhrel'Iba Emscher Park"，Urbanistica, n. 107, 1996, p. 114）.

专题2　废弃港口区改造的地中海模式

由于全球化、集装箱的出现、巨大的船只以及陆地和海上的机动空间，城市滨水地区改造已成为港口城市的共同特征。

河流、海洋或湖滨的空间和功能改造的演化遵循特定的路径，1960年代，美国第一个涉及港口的案例以私人倡议为主导，最终结果是将过去的港口空间转变为一片高密度的城区，其标志是吸引人流的设施（休闲、办公等）。这种模式也影响了许多欧洲的案例，整体上如伦敦的码头区，或部分如鹿特丹Kop van Zuid地区的国际竞赛，被称为"马斯河（Maas）上的曼哈顿"，说明了其城市空间上的参考。

在南欧的港口，港区和城市之间新的关系问题已通过关注公共空间、历史身份和改善环境质量的方式得到解决。海洋和城市之间界面的新类型建立在关系之上——在地面上找到最合适的工具来支撑，正如巴塞罗那和热那亚的典型案例。

就巴塞罗那而言，土地的公共可用性及其公共项目的定义，是著名工程成功的决定性数据，它在1980年到2004年的20年间彻底改变了城市形象与结构。在许多有助于城市深度转型的干预措施中，Eixample地区的庭院修复计划、蓝色生活规划、Barrio Chino地区的修复规划、新中心区规划、海岸修复规划和环城自然公园（the Per，除了150个具体的公共空间与设施的项目外对恶劣地区的修复规划），就土地和地面承担的社会与城市重要性而言，最重要的可能是城市在其滨水区的开放，它曾被一系列基础设施（铁路和快速路）及与城市肌理不兼容的港口设施所分隔。

城市更新是沿着东北海岸开发的，在1990年代一

M. 莫拉莱斯，通过 Moll de la Fusta 项目（1981~1986），为巴塞罗那在海上开辟了一个新的立面

139

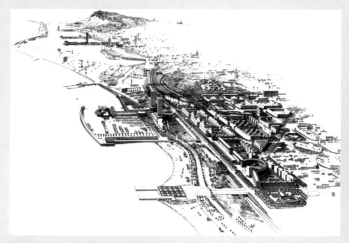

巴塞罗那新海上立面的 Mbm 项目

Poble Nou 前地区的新布局，以及 A. 西扎设计的气象站，1989～1991 年

条 15km 长的海滨漫步道已成为公共设施、公园、历史纪念物综合系统的主干，与背后的社区相连接。最近，建在港口中央的大型购物中心与海景融为一体，证明了城市政府的步伐发生了变化，向私人干预下可疑的社会利益开放，在对角线大道（the Diagonal）临海的节点、文化论坛及相关开发中可找到典型的以及更壮观的证据。热那亚废弃港口地区的再利用与巴塞罗那的经验几乎同步，直接关系到邻近历史中心的修复，产生了另一个有趣的以地面设计为中心的连接案例。

城市的总体规划从一开始就认为历史中心和旧港口是互补的，因为古代建筑肌理的高密度，很难在场地内部满足对空间和服务的需求，却可能在废弃的港口地区找到空间，这是一种困境中的内外关系。因此，人们普遍认为，这些地区的更新可以促进危机中的工

热那亚，旧港口的修复，创造了一个与历史中心区的规划相融合的公共服务中心

业经济向由旅游业和文化复兴推动的多样化经济转变。

旧港口的修复始于 1992 年,将莫罗西尼(Morosini)码头改造成一个多功能综合体,并继续进行深入的干预(即伦佐·皮亚诺的方案,为大学活动修复的许多建筑,新水族馆,改善公共空间),但直到 21 世纪,尽管港口本身的改善毫无疑问,但仍与城市中心隔离。

早在 1980 年代,德·卡洛已开始对历史中心的研究作出了贡献。但只有在历史中心开始一项有效的政策后,才能与持续至今的众多干预措施建立协同作用,正如最近对 "rolli" 系统的重新认证,增强了两个地区之间的联系。由于这种连贯的框架和精心的管理,历史中心和古老的港口都改变了它们的外观,被认为是当今一个很好的融合和有人参与的空间。

最后,在本文中提到的北欧港口改造的最新案例中,建立一种城市中心和通过公共空间向大海开放城市的目标,采用了特别复杂的城市形式,这也考虑到了对水位上升的保护:如在哥本哈根,港口的再开发启动了抵御气候变化的政策,随着填海工程产生了新的公共空间;在汉堡,水和公共空间为新建筑适应预期洪水的实验开辟了道路。

(下图)热那亚圣乔治地铁站,伦佐·皮亚诺,2003 年
(右下)"rolli"(古代宫殿)系统作为与旧港口联系的主题,被列入联合国教科文组织世界文化遗产(2006)

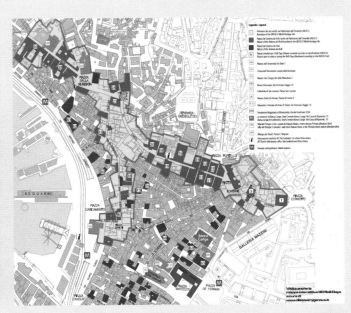

专题 3 地面及基础设施设计

在城市更新阶段，基础设施与地面建立了新的关系，特别是线性基础设施：公路、铁路和本地公共交通系统，如有轨电车和大都市区轨道交通。

当适合现代城市的交通系统被视为与城市设计相关的问题时，设计的重点就放在了道路、建筑与开放空间的关系上。在传统城市中，这三个要素共用同一个空间，从 20 世纪初开始，这一空间的形状和尺度逐渐适应新的交通需求，调整了标准道路断面。但雅典宪章模式以把自己强加于重建的争论而告终。在《雅典宪章》中，土地的解放实际上变成了"从"土地中解放出来，由于建筑与土地的分离和高层建筑的出现，土地恢复了自然的状态。从勒·柯布西耶到路易斯·康和史密森夫妇的方案，街道被设计成建筑形式，构想为建筑元素，沉浸在自然环境之中：一种新版本的古代人工项目（如输水道和大桥凸显在土地之上）。但在重建过程中，道路的设计遵循了一条仍旧迥异的路径：

对于所处的环境条件：乡村的历史土地划分、水文和场地形态，布局越来越淡漠（而不是有意识的并置），功能是唯一的考虑（借用 A . Acebillo[1] 的表述，一种"原始功能主义"）。在实践中，影响重建时期基础设施项目的不仅仅是《雅典宪章》，还有美国的工程技术。

1960 年代到 1970 年代末之间，人们开始反思使用中的各种实践的影响（交通现在被视为需要驱除的"魔鬼"），新的设计方法想要克服基础设施作为"孤独"客体[2]的分离感，将其铭刻在"城市形态布局"的概念中。这可以和地籍划分、城市议题和地面起伏[3]

（上图）B. 拉絮，休息区景观设计和 Crazannes 采石场的修复，A85 高速公路，法国，1995 年

（左图）M. 高哈汝，A1 高速公路景观设计，1997 年：地下基础设施和地面"重建"的一个例子

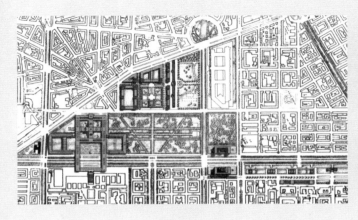

一起，强化它们在城市构成中的作用。在此情境中，道路布局最终纳入城市主要公共空间及其自身网络来考虑。

在地面设计方面，至少有三个问题以创新的方式得到了解决：大型基础设施，地方公共交通和"柔性"交通。

风景园林师有效承担了第一个议题：一开始其作品要符合给定的技术规范，但很快，景观基础设施的设计就与公共空间设计相结合，在技术上贡献卓越：一种与城市相关系统的地景相融合的初步城市设计，低能耗公交（特别是有轨电车）就是一个很好的

例子。除了减少温室气体的排放和公共空间可能的协同所导致的环境重新评价外，新交通系统的建设强烈地刺激了其服务区域建筑的重新评估（公共的和私人的）。地铁线路也影响着城市地表的改造（最近一个例子是伦敦的 Jubilee 线，带来了港口区和南岸区的许多改造）。

正如马克·奥杰（Marc Augé）所展示的，地铁是一个大型的单一公共空间，具有强大的大都市身份的联合特征，由无数的点（车站）与建成的地面相连接。

在最近对巴黎地铁的干预中，这些点被配置了纪念性中庭，置于地下，类似于地面车站，追求环境的

（左上）都灵 "Spina" 是道路、地面有轨电车、公共空间、地下公共交通、城市再开发之间积极关系的一个例子
（右上）B. Reichen 和 P. Robert，巴黎 Marechaux 大道有轨电车，2007 年
（左图）巴塞罗那，1982 年

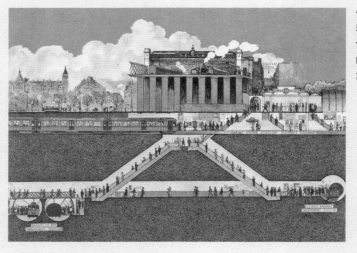

伦敦查令十字（左图，1914）和皮卡迪利广场（右图，19世纪末）地铁站与地表空间的关系以及地下空间布局的复杂性

质量，为地下层带来尽可能多的自然光，确保地面和地下空间之间的联系。1989年，风景园林师 B. 拉索（B. Lassus）研究将巴黎地铁改造成一种新型的公共空间，这并非巧合，而将车站设计成艺术博物馆则表明在很长一段时间内认同的图像对感知的重要性（从莫斯科的著名车站到斯德哥尔摩、那不勒斯、布鲁塞尔车站的艺术作品）。

柔性交通网络的扩展是这一阶段对正确使用场地的第三个重要贡献，与公共空间的形成和抵御气候变化相兼容。在现代主义时期，它们一般被视为自然地内置于"地面—公园"中的要素，很少被视为一个自主的空间，除了一些创新的例子（如1958年柏林豪普施塔特竞赛的史密森夫妇的入围作品，设计了一套配备了高架步行平台的系统）。城市柔性交通的例子可以被认为是在一些新城镇内设计的网络，如泰晤士米德（Thamesmead）或米尔顿·凯恩斯（Milton Keynes）。

1946 ~ 1953年，重建的鹿特丹 Lijnbaan 是欧洲第一个步行街购物中心，它预示了后来成为评价城市历史中心政策的特征。后来，"柔性"网络延伸到郊区和现代城区，将其他公共空间与城市规划相结合，创造

（左图）斯德哥尔摩，T-Centralen 地铁站
（右图）D. Pikionis（1950 ~ 1960）：通往雅典卫城的步道，与 Pnyx 山相连

144

（左图）巴黎，蒙帕纳斯站周边景观

（右图）P. 拉茨，布莱梅黑文港口修复（2011），海滨漫步道

了影响整个城市或其显要部分的系统，并体现了一种将地面视为个人使用的一种连接技术框架的方法，替代了汽车交通。扬·盖尔的作品也许是这方面最具代表性的例子。还有一些项目非常重要，它们克服了步道的实际功能，将其转变为理解场所"意义"的工具，并获得了象征性品质（从 D. Pikionis 的雅典卫城步行路径到一些当今与防洪工程一起建成，作为河流和海洋自然景象观察站的岸边步道）。

考虑到柔性交通和地方公共交通（电车、地铁、索道、有轨电车、自动扶梯等）在城市景观中的重要性不断增加，同样也作为抵御洪水的工具，我们可以认为，在未来，这些基础设施与地面的正确关系将有助于提高城市韧性和城市质量的规划和项目。

（左图）哥本哈根，自行车路线图

（右图）哥本哈根，穿越港口的所谓"高速公路"自行车道的一段

1 Quoted by F. Alberti, *Progettare la mobilità*, Firenze, 2008.

2 Paolo Sica, "Infrastrutture architettura: un capitolo del rapporto fra tecnologia e ambiente", in *Casabella* 537, 1987.

3 «...the 'tracés' define the directions and the basic figures of composition» P. Pinon, *Composition urbaine*, Service technique de l'Urbanisme, 1992. They are not only roads but also include the cadastral division, the urban fabric, the land relief; they can then be material or virtual-visual, symbolic, ecc.- but they are always regulatory, they define the directions and the basic figures of the composition «to take them into account means to ensure integration into the context».

第 3 章
土地与环境危机

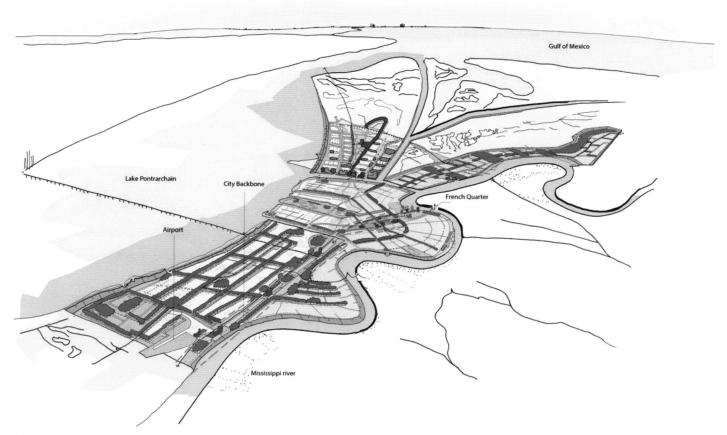

瓦格纳和鲍尔（Waggoner & Ball）建筑师事务所，《新奥尔良城市用水规划》，2013 年

一种跨学科的土地概念

在 20 世纪末,土地的主题以不同的方式再次出现:与气候变化有关的极端天气事件不断发生,突出了地域和城市住区的脆弱性,使其成为环境危机。当然,土地征用的"老"问题仍然存在,因为除去欧洲和世界上其他一些地区,城市化并没有停止。但现在最迫切需要的是立法措施和防洪工程,以保护现有的或规划的定居点。由于这些议题涉及我们星球的城市化和人类的进程,它们也符合大多数人的普遍共识,尽管平淡无奇,他们早就意识到环境问题。在个别情况下,它们还导致了由少数民族领导的激烈斗争,他们必须为保护自己的地域而战。考虑到在这个问题上达成一致的巨大困难,各国政府的回应相对及时,但只是针对个别国家旨在减少人类活动对地球的影响、增强修复的能力、减少城市温室气体排放和能源消耗的举措。

如今,土地问题已被纳入保护地球不受工业和城市发展影响这一更为普遍的主题之中,长期以来已进入了公共舆论,在社会紧张程度较低的国家,如 21 世纪之前的欧洲,土地问题实际上已取代了 19 至 20 世纪的平等和工人权利等问题。设计学科的反应不够及时,当前他们不得不面对土地作为"地球的皮肤"的观念,对于生命周期来说至关重要,而生命周期并非起源于这个领域,也无法使用他们自己的工具来实际应用。

先前的城市土地概念是在 20 世纪的设计文化中构思的,从一开始就以象征性的表现方式予以支持,并将其纳入常规的城市规划框架:

——"田园城市"和"公园城市"的土地概念是作为"共同利益",免受资本主义的剥削,受到城市规划原则的约束;

——"城中之城"的观点,将土地视为城市历史的"重写本",无论产权如何,都必须加以保护和展示,以重建后工业城市的马赛克。[1]

与 19 世纪和 20 世纪的情况不同,那时的土地问题是在城市问题中发展起来的,并以城市规划的术语来表述,而现在一种"有机"的概念正在浮现:土地是"我们星球的皮肤",一种环境基础设施,确保了碳、空气和水的生命周期,必须以技术和生物科学来对待并加以保护,确保其生存[2]。所有这一切都发生在这样的场景中:1945 ~ 1990 年间,试图通过福利国家和财富公平分配在欧洲推行现代计划的国家政治精英,已经屈服于超国家的经济精英,向同意遵守其规则的人承诺个人财富。改革派政治家和从属的工人之间的契约,是为了建立一个公正和人道的城市,能够在不忘过去的情况下实现现代化。一方面由于工作的稀缺性,现在工作可以转移到成本更低、不受法律保护的地方;另一方面,由于 20 世纪末新自由主义经济全球化和放松管制的新阶段"项目政策"

K. V. Ragnarsdóttir, S.A. Banwart 编著的电子书《土地：支持地球生命的皮肤》，University of Sheffield, Sheffield（UK）and the University of Iceland, Reykjavik（Iceland）出版电子书，2015 年

Soil: The Life Supporting Skin of Earth

Kristín Vala Ragnarsdóttir and Steven A. Banwart (eds.)

的失败。如果一个现代欧洲城市不再出现在建筑设计的地平线上，那么将其从土地开发中解放出来或使其与历史的多层共存的乌托邦就会坍塌。21 世纪的城市土地似乎是这样一个领域，欧洲城市改革主义的终结（贝内沃洛在他 2011 年的访谈中[3]称为"城市的终结"）让我们看到了几个世纪前用城市文化所设想的人与环境之间的中介危机，20 世纪试图依靠技术和社会学说从头开始更新。人类活动对地球的影响不可阻挡，如今面临着不可控的自然现象，危及土地安全。只有风景园林学被认为适于面对环境危机，而建筑学和城市规划，这些年来已转变为标志性建筑设计和地域管理，似乎已"靠边站"。事实上，景观设计师的作用对于城市化造成的损害被认为是先天无罪的，也能够为大范围城市化的空地转型的大量实例提供环保主义的阐释，包括将废弃的土地转化为公园、花园、农业区和土地防护工程等，在城市化区域引入不连续性。但它发现难以勾勒出一个通过开放空间行动而完全更新的城市形象。

模拟冰川融化时，意大利海岸线的
变化

安藤忠雄，日本本福寺水御堂，
1991 年

伦敦巴特西发电厂地区的重建（总体规划：R. 维诺利，2018 年，包含了 F. 盖里、福斯特建筑师事务所等人的设计）：一个由豪华办公建筑和公寓组成的巨大综合体，是公共遗产私有化的一个例子。发电厂作为"伦敦最具识别性的纪念碑"之一上升为大众想象的符号，被平克·弗洛伊德（Pink Floyd）用于其著名唱片的封面。这一景观将被改变

城市规划不再能解决问题

在战后的欧洲，城市规划在指导国家福利政策方面发挥了关键作用：首先是通过社会住房来实现的城市发展规划，然后是 1980 年代以来，城市改造计划的实施。但现在，其规模已经缩减，并在很大程度上被（通过对程序、手段和法规的不断改良过程）公共机构（形式上仍具有土地使用的管理权）和房地产开发商之间的谈判—调解所取代，后者致力于以新的方式在城市可改造地区工作。事实上，地租也呈现出了新的形式和角色，远离了 20 世纪的概念。这一变化始于前几十年，在城市重建的干预措施中确立了自己的地位，对城市规划产生了重大影响。许多研究显示，如今金融市场中房地产基金的问世（制造了著名的"泡沫"）如何产生了所谓"纯粹"地租，独立于实际的建筑活动，而与全球金融的宏观经济运行相联系。[4]

这一过程中，某些形式的"平等化"创造了"建筑权"（building rights）的抽象市场，这是当前任何有规划的土地概念（无论多么不确定）从公共管理机构和私人经营者之间的社会冲突中抽离出来的象征性示范。应该强调的是，尽管这些新形式的地租与土地的具体条件分离，但它们继续严重影响着我们的城市转型，依赖于预期、传媒、协议，无论土地征用与否[5]。不管怎样，一些欧洲城市通过对其规划选择产生的地租进行了一定的控制，并在私人经营者和公共机构之间分享剩余价值，成功地

贝内沃洛，《城市的终结》，2011 年

管理了当代的转型。以社会公平和再平衡为目标的城市公共项目——曾经作为公共机构和私人投资者之间协商的工具而纳入规划——现在已经变得边缘化，时常被抽象的官僚程序所取代，其中自然基底和重写本基底的概念都被置于一边。[6]

还有一些城市改革的方案，如现在英国讨论的旨在克服规划选择产生的剩余价值公平分配原则的建议，现在似乎已经消退[7]。除了再次提出土地不过是建筑的支撑的概念，可以无限制使用外，它还用程式化的强制性条款取代了环境意识，将规划的内容简化为容积率和投资者经济补偿的谈判，以快速跟踪审批程序，鼓励投资和建造可持续的住房。这些选择与德国等国家关注更新运营中公平分配剩余价值、禁止进一步征用土地的选择相反，实际上并不能解决社会住房的稀缺问题，也加剧了环境的退化。

土地也受到私有化政策的严重影响，也造成了毁灭性的社会和环境影响，在解散上市公司后，私有化政策还影响了近几十年来建筑和地区的房地产公共资产：这是对20世纪初确定的福利政策的倒退反应。[8]

尽管公共机构接受了土地作为地球皮肤的新概念，但仍然仅限于在欧盟倡导的部门政策背景下，土地仍然仅限于对风险防范的特定操作，唯一例外的是城市和国家可以依赖像荷兰那样跨学科协作的坚实传统。无论如何，当代城市更新设计中并不缺乏应用新理念的理论与实践的尝试。

The Bilbao effect: how Frank Gehry's Guggenheim started a global craze

Opened 20 years ago this month, the glittering titanium museum had a wow factor that cities around the globe were soon clamouring to copy

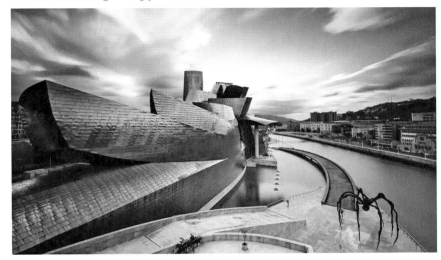

毕尔巴鄂古根海姆博物馆，F. 盖里，2010 年
正如《卫报》2017 年 10 月 1 日的页面所示，这栋建筑激发了一种建筑时尚的灵感，使之成为"全球热潮"的象征

建筑学的危机

自 20 世纪末以来，所有涉及福利（住房、教育、医疗保健）实施的议题都变得孤立，建筑在全球城市之间的竞争中找到一个新的角色，以确保投资、吸引力和游客。它越来越多地投身于这项任务，包括对独特、壮观的建筑及建筑群之间进行远程比较，它们往往与特殊的事件（奥运会、展览、博览会等）有关，这些活动也用于日常和直接使用，但最重要的是为了在媒体上被观看和转载，成为时尚的标志，广告点的特权位置[9]。最初，这一主题在 1980 年代的城市更新计划中逐步形成，从 1980 年代末开始转向市场，以应对公共资金的削减，而继续享有原初的重要性。[10]

建筑学中对新颖性的不懈追求始于为"文化和娱乐"的建筑（理所当然是文化的奇观化），总是具有一种艺术成分，并延伸到其他领域，如传统上属于结构工程和建筑功能主义的交通基础设施。[11]

由于设计师的职业责任还没有像在时尚和工业设计中那样受到品牌的关注，最具文化和政治意识的设计师传统上是欧洲人（如 OMA），必须展示他们超常的能力（创作上、技术上和媒介上），使他们能够从投机性的陈腐或庸俗庆典的委约中脱颖而出，并将自己与那些无条件自由创新的幼稚实践者区分开来。[12]

当然，这种情况不会刺激人们试图用建筑学来阐释如今想要接近的土地的有机概念。20 世纪的现代主义建筑师使用混凝土和钢框架来实现建筑与地面的分离，为"解放"赋形；还试图将平屋顶的水平表面改造成"地面"。无限增长的博物馆（勒·柯布西耶，1939）的屋顶花园和底层架空进入是其原型。也有来自 F. L. 赖特作品的不总是受欢迎的想法，特别是

那不勒斯阿夫拉戈拉新高铁站，Z. 哈迪德，2003 ~ 2017 年

伦敦秘密情报局的所在地，T. 法雷尔，1994 年：全球化建筑的一个例子，昵称为哥谭城："一个秘密服务的堡垒，由私人投机者提供，由一位公开宣称的民粹主义者设计，位于最突出的河流位置"

1930 年代以后，他设想的广亩城市的几何地面重新阐释了美国的地域网格，并扩展至建筑的平面布局，还建造了几座"乌索尼亚式（Usonian）的住宅"，它们没有地基（因此不用挖掘），只有形式上薄而坚固的木墙。按照历史学家的说法，是要像"地面上的灰烬"一样消失[13]。自 20 世纪末以来，虽然许多尝试使建筑更加自然，能源自足，与环境日益和谐，但对它们与城市土地关系的建议并不多。A. 西扎具有再利用文化的直觉，仍旧是一个参考，如埃武拉的马拉古埃拉，设计保留了所有现存的痕迹；或者 1978 年为他的兄弟 A. 卡洛斯（Antonio Carlos）在圣蒂尔索（Santo Tirso）郊区建造的小住宅，融合了葡萄牙乡村向郊区发展的布局和墙体。

我们还必须考虑一些曾经走在建筑实验前沿的欧洲地区，已经完全放弃了他们的创新地位。O. 哈瑟利（Owen Hatherley）关于当代英国的文章，很好地说明了福利国家结束后与之相伴的设计文化的转向，显示出撒切尔夫人提出的社会目标的持续撤退，以及工党政府没有实质性修正的延续，导致以杂糅"风格"的蔓延来拒斥建筑与城市上的任何创新假设。在哈瑟利考查的大多数案例研究中，土地与建立在其上的"物体"没有任何联系，也不被视为需要保护的资源。由于关于土地使用控制的任何假设，甚至是定量的假设都被放弃，以利于其财政的压榨，所以建筑的作品悬浮于一个虚拟空间之中，清空了所有记号，成为一个

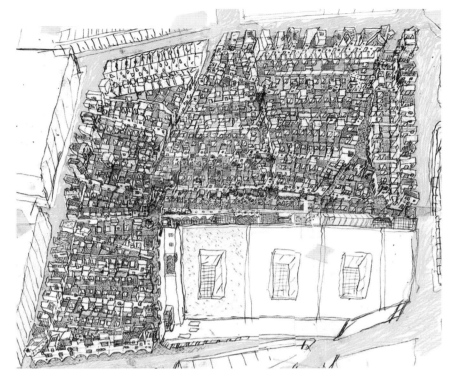

Peter Barber, Coldbath 镇，位于克拉肯威尔（Clerkenwell，伦敦）一个拥有 1000 套住宅和 100 个小企业空间的公共住房项目：这个环境让人想起了由 2~3 层庭院组成的小型历史中心的社区精神，周围的连廊被 5~6 层的建筑所包围。这是一项雄心勃勃的计划的一部分，即在市中心建造一个公共住宅圈。上图是总平面图，下图是完成部分的视图

原铁路仓库被改建为服务设施（图书馆、青年旅舍、办公室），两侧有一个花园　　一个低层高密度住宅区，陶尔哈姆莱茨区

中性的背景，让建筑的"客体"脱颖而出。[14]

此外，由于当前思想的即时传播，建筑学所采用的国际立场忘记了此前文脉主义的途径，并没有产生二战后发生的积极影响，当时欧洲城市的危机可能在一段时间内被来自巴西、日本和非洲的贡献所抵消，带来了当地传统和去殖民化的新动力。当前，我们不知道能否在世界的边缘找到重新思考城市结构的思想，而不仅仅是社会结构。

社会住宅一直是现代主义最具代表性的公共制度，其规模正在大幅缩减，虽然在一些欧洲国家，经济危机刺激了公共投资的重启。按照哈瑟利的说法，在未来几年，我们会看到更多的社会住宅。[15]

因此，公共住房固有的实验特质有时会在小范围内产生有趣的结果，即使是与地面关系，也会记录在手册、展览和建筑杂志中[16]。无论如何，风景园林学仍然是主要的选项，因为它不需要为近来的环境恶化负责，并且仍然可以主导大多数重要项目。得益于 20 世纪以来欧洲早期工业技术历史遗址修复方面取得的功绩，它在规划过程中可以发挥复杂的协商作用："因此，对于公共部门来说，人类与地景的关系在地域的物质和社会建设中扮演着中介和视觉过滤的角色。公共赞助商要求景观专业人士（景观设计师和学者）发挥这种社会中介作用，利用景观方案转译其政治设想"。[17]

一个有无家可归者的房子，一个社交中心和一个公共花园的综合体

设计理论的新线索

将城市作为一种城市化景观的新概念，或许我们不应该期望从一开始就能产生整体有序的设计，如同过去城市增长年代的基础设施和功能区划的模式，但我们不应该提前放弃这个想法。

这一主题出现在 1980 年代，当时我们开始讨论新的城市总体规划，包含带有设计方案的区划图，以建筑学的语言来呈现。当时，这被认为是一种弥补大尺度规划在处理城市更新方面固有弱点的方法。经过了这么多年，我们或许会认识到，对于更为明确和详细的城市规划需求，不应过早地用建筑方案来回应，而应寻求更有效的城市和地域的表达。一种方法是依靠传统的地图绘制法，调整历史地域和城市地图的图绘来适应我们的需要。[18]

还有其他的尝试，我们将在下面讨论的荷兰景观设计师 F. 帕尔姆布从 1987 年来，就在寻求最合适的方案来代表他对鹿特丹作为一种建筑景观的愿景。[19]

此外，非连续性城市的概念，也指向了容纳非永久性的居民，在其结构中，城市区域和绿色区域就像绿色群岛一样组成。在关于柏林工作营成果的一份理论文本中，已经以图解的方式提出了这一概念。[20] 在随后的 IBA ' 84 计划中，专门准备了柏林中心区 1 : 2500 的地图，成为后来所有城市更新项目的里程碑。德国统一后，柏林在首都角色上逐渐正常化，然而或许抹去了 1980 年代中期仍保留的某些特别的地方，没有像伦敦或米兰那些其他欧洲大城市那样，加入已发生或正在发生的过程。如果我们先看看欧洲城市，城市规划有着悠久的（即便并不总是坚实的）传统，城市更新的及时启动为早期的环保主义方法开辟了道路，为了理解欧洲模式如何输出到其他地方，我们看到对土地的新兴趣是由各种不同的线索组成，在理论层面上，人们可以这样解读：

——景观都市主义；

——地域主义的设计；

——多孔性的概念。

从景观都市主义到"洗绿"

在新的环境敏感性压力下产生的许多理论中（绿色城市规划、生态城市规划等），景观都市主义传播得更加广泛。从风景园林师所享有的高声誉开始（类似于欧洲重建期间规划师所享有的声誉），以"地球花园"的许诺拓展了其专业领域。人们给予新干预措施的信任，包括设立的公园、花园和绿地，并不总是能区分出它们实际上与大型建筑投机项目的关系。人们倾向于突出和赞美自由空间中的新颖与原创布局，即使这要归功于高层建筑的体量被屋顶和立面的植被所遮蔽，这是现代主义时期的建筑师为赋予平屋顶意义而提出的屋顶花园概念的无界延伸。由此，人们把"洗绿"（greenwashing）定义为对真实设计内容的伪环保主义覆层。在快速和大规模城市化的国家，我们经常发现在景观都市主义的掩护下，大尺度的项目、建筑干预，以及受无限制发展的文化激发的城市规划，其开放空间和场地只是被设计成建筑物的简单装饰性附属物。

一篇关于景观都市主义近年来追求的不同方向的调查，发表于《莲花国际》（Lotus International）杂志第 150 期（2012年 7 月号），其中德维涅、拉茨、科纳（Corner）和塞奇—维迦诺（Secchi-Viganò）提出了合理而卓越的方案，和 Plasma Studio/Ground Lab 的项目一起，基于无情的土地装饰原则，对当地社区的社会需求和场所特征非常敏感。

景观都市主义理论应对的两个议题勾勒出一种雄心勃勃的设计方法：

魏斯 / 曼弗雷迪（Weiss/Manfredi），奥林匹克雕塑公园，2001～2007 年

为了连接城市与河流，设计了一条复杂的之字形道路，穿过一系列基础设施

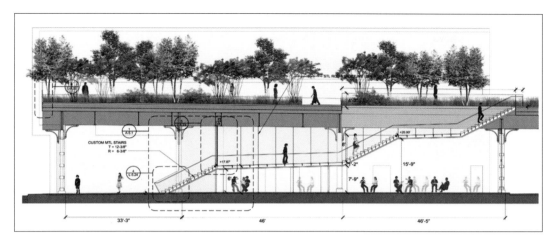

纽约高线公园，2009 ~ 2014 年，Diller Scofidio + James Corner Field Op.，Piet Oudolf

著名的将一条废弃的高架铁路线改造为带有各种城市微环境的公共步行道，通过场地组织使其多样化。一个细节的横剖面和鸟瞰图

——用跨学科的方法整合城市规划和景观设计，在理论上融合了广泛的学科（从城市设计到景观生态学）范围，应对更多的是过程而不是形式。

——考虑到地面，即作为一个水平土地，一个城市过程的作用场域（"表面：场地平面作为作用场域"）。城市转型被视为一系列社会关系的流动：包括人、土地、生态系统、基础设施及建筑的动态互动。他们甚至论及展现地表以强调地面的"戏剧化"[21]。因此，从理论上讲，景观都市主义并不仅限于研究开放空间，也不仅适用于环境方面的学科，因为它给与关系和行动场域同样的重要性。但尽管如此，尽

J. Corner, S. Allen, Field Operations, Fresch Kills，纽约，2001 年

大型堆填区改造为一个城市公园的项目于 2003 年展开，预计将在 30 年内完成

M. Desvigne，X. De Geyter，F. Alkemade，萨克雷（Saclay）平原规划

项目始于 2009 年，目前仍在进行中，涉及巴黎附近的大片地区，包括
新的住宅、公共服务、大学校园、绿地和公园

管其主要理论家之一（C. 瓦尔德海姆）声称，景观都市主义处理的是后工业和当代城市的更新，我们仍可以从其实践中看到，最好的项目都致力于设计大型公园（如高线公园或纽约的 Fresh Kills 垃圾填埋场）。它一直处于城市设计的传统之外，也没有面对城市规划的所有复杂性，在城乡之间，城市与开放空间之间，或者如瓦尔德海姆所言，在自然与基础设施之间的二分法仍然没有解决。

地域主义项目

地域主义项目不像景观都市主义那样知名，它于1990年代在意大利形成，有利于将可持续发展的概念转移到地域科学中，并加强了自我可持续的地方发展、社区参与环境改造的选择以及跨学科作为一种工作方法的概念。[22]

2011年1月的地域主义者协会宣言草案（http：//www.societadeiterritori-alisti.it/）强调了设计方法所基于的原则。其中，"地域"的定义对本文来说是很有趣的，它采用了地域—重写本原则，将其扩大到将土地作为地球皮肤的概念。[23]

然而，它以其唯物主义和伦理方法（如其他作品中所述）脱颖而出，其基础是地域价值作为公共利益，与其他公共利益"完全依赖于社会的持续关怀行为"不同。重要的是将地域变为不可让渡的共同利益，当它因此从商品的角色中移除（从

2015年3月27日批准的托斯卡纳地区区域景观规划。地图节选：佛罗伦萨—普拉托—皮斯托亚地区的景观特征

159

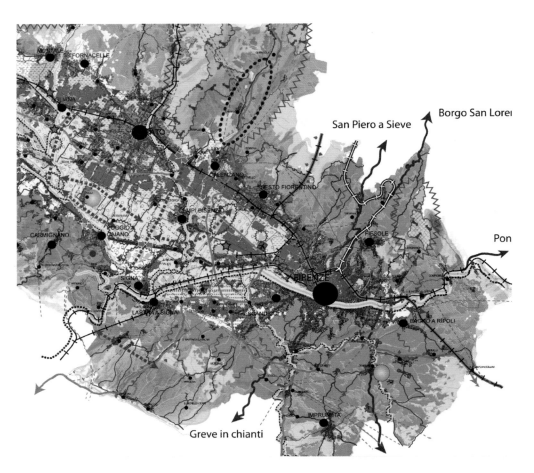

托斯卡纳地区的区域景观规划，2015 年 3 月 27 日批准。地图摘录：佛罗伦萨—普拉托—皮斯托亚地区的关键问题

阿普利亚地区的区域景观规划。景观、环境和国土遗产图集（节选）

导致当前出售国家和公共财产来营利的私人／公共对立中移除），并转移到社区角色对政府具有决定性的领域中。这种设置可视为对于"地域管理"概念最具针对性的工具，自 1990 年代末的意大利，人们尝试一种更为复杂的跨学科手段来取代基于传统城市规划的方法论。它应用于托斯卡纳和阿普利亚（Apulia）[24] 那些最早经历新概念的地区。然而，虽然在涉及地域和环境的大规模景观规划中，地域主义项目可以采用长期过程为指导进行改造，并

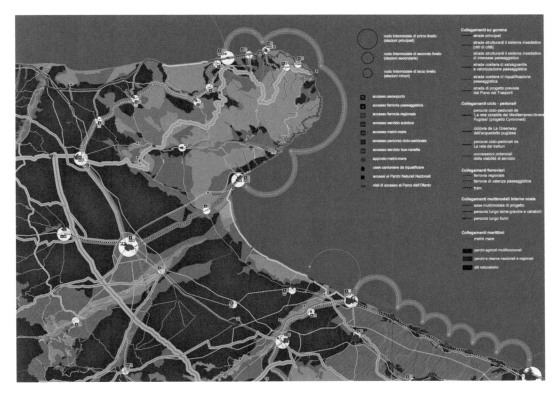

普利亚地区的区域景观规划

（左图）国土战略项目实例：柔性交通系统

（下图）地域规划摘要（节选）

制定多学科、一体化和多尺度的方法，但城市的项目及其发展，以及不同部分和功能的特定设计规则的定义，仍很少有人研究，特别是在当前的"再生"阶段，由于环境和气候危机而变得复杂。

因此，人们期待有一种方法能够解决公共/私人的对立及部门规划，"如整合城市、环境、居民点、能源、农林资产……以及知识和当地社会文化模式"[25]并不能帮助城市规划和建筑学来解决"无项目监管"（P.C. Palermo），以揭露某些投机项目的伪生态主导，回应社会对城市品质的需求。

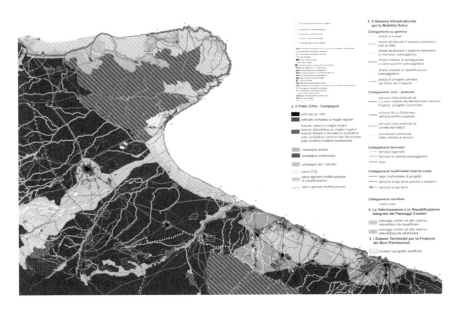

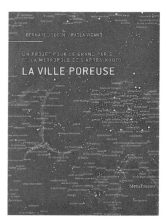

《大巴黎规划》国际咨询，2008~
2009 年

多孔性

与前两个阶段一样，人们在寻找适合
环境危机问题的土地概念时，发现了具有
象征意义的术语，并在各个层面上共享，
乍一看，这些术语总结了设计师的意图和
愿望，变得几乎具有普遍性。

其中最常见的一个术语是"多孔性"，

它有效地唤起了对地面的有机想象：建成
环境的不连续性就像"毛孔"，地球的皮
肤可以通过它呼吸和再生。

但它在城市规划中的应用受到了文学的
影响。瓦尔特·本雅明（Walter Benjamin）
在 1924 年为那不勒斯创造了这个词[26]，
在 1992 年 C. 维拉蒂（Claudio Velardi）的
一本访谈中重新起用，他在书中展现了关

B. 塞奇，P. 维迦诺的入围方案
《多孔城市》
总体规划（右图）和大巴黎战略
性空间图解（下图）

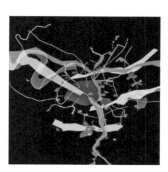

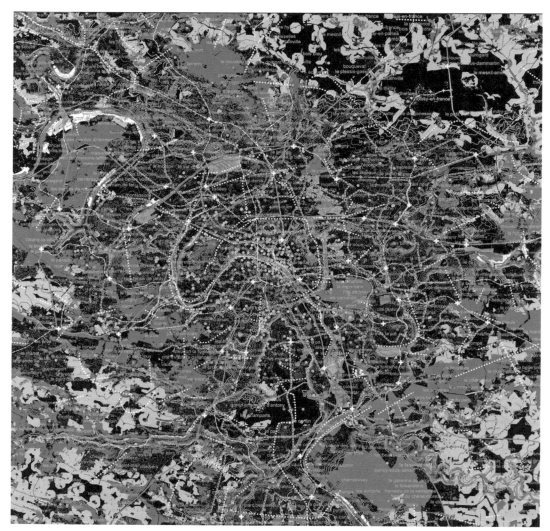

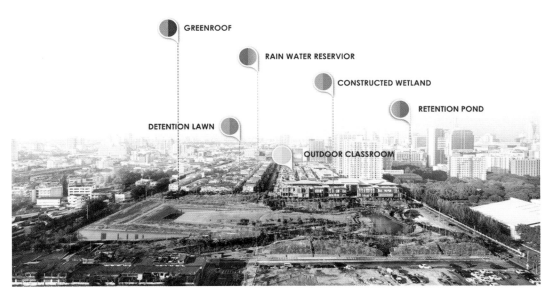

GREENROOF

RAIN WATER RESERVOIR

CONSTRUCTED WETLAND

RETENTION POND

DETENTION LAWN

OUTDOOR CLASSROOM

曼谷朱拉隆功百年公园，N7A 建筑师事务所，2017 年

项目的全视图及细部

于那不勒斯的建筑、哲学、文学和电影[27]；直到塞奇和维迦诺（Secchi-Viganò）团队在 2008 年由文化部和巴黎市发起的《大巴黎规划》咨询会上，提交的研究报告《多孔城市巴黎》（Paris Ville Poreuse），以设计一个具有创造性、可持续性和符合《京都议定书》的 21 世纪城市[28]，将这一概念传播到全球范围。

塞奇—维迦诺方案提出的学科目标（确定重要地点、改善水和生物关系、加强生物多样性和社会多样性、减少能源消耗的城市更新、机动性和可达性政策从层级化的垂直系统转变为等向性的大众运输系统）以数字彩色图形呈现，与当今常用的一样精彩，来自于物质的制图学和直接的地域调查[29]。但它并未放弃从未来大都市视角的建构，它们将面临新的城市问题，与日益增加的不平等和环境风险紧密相

关，以及更广泛地说，与地域的机动性紧密相关。[30]

这些主题在后来的作品中得到发展，如安特卫普（Antwerp）和科尔特里克（Kortrijk）结构规划，这两个城市也赞同一些标志性的建筑项目，它们具有规划所

鹿特丹卢克辛格尔（Luchsingel）人行天桥，ZUS 建筑师事务所，2011 年
连接鹿特丹三个独立地区的高架步行道：这是第一个通过众筹建成的基础设施

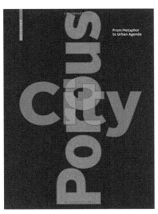

《多孔城市：从隐喻到城市议程》展览目录，S. Wolfrum 编辑，Birkhäuser，2018 年

安特卫普结构规划，B. 塞奇，P. 维迦诺，2003～2005 年

© Studio Associato Bernardo Secchi - Paola Viganò

哥本哈根韦斯特布罗（Vesterbro）

修复过的街区，1940～2010 年

赫尔佐格与德梅隆（Herzog & de Meuron），Fünf Höfe，摩纳哥，2000～2003 年

（右图）内部庭院的改造，在巴黎拱廊街的传统中制造建筑肌理的多孔性

预期的示范价值，可以与规划过程同步制定并先期实施，如安特卫普的剧院广场和铁北公园（Park Spoor Noord），科尔特里克的墓地和大市场（Grote Markt）。

但后来，由于专业工作的国际化，多孔性成为一个具有多重字面和隐喻意义的参考术语：从揭示城市甚至拥挤的大都市的不连续性价值，到理解未经定义的（废弃的—残留的）场所的内在能力，以利于不同城市文化或民族宗教的相遇和相互渗透，这些文化现在面临着在原教旨主义冲突中僵化的危险。

在泰国研究人员 Kotchakorn Voraakhom 的倡议下，他创建了一个多孔城市网络（porouscity.org），通过将该术语用于解决脆弱的曼谷气候变化问题——通过将未充分利用的不透水地区转变为一系列可渗透的公共绿色空间。这本身就是一个有趣的愿景，或许应该纳入一个城市的官方规划

中，城市中人们仍在忍受海量的新建筑和难以置信的高容积率。

最近，"多孔性"展览于 2018 年由荷兰 MVRDV 事务所组织（https://thewhyfactory.com/output/porocity），在"多孔性"和"坚实性"（solidity）之间，用这个术语进行了一种有点"虚构"的对比，得到了理查·森内特（Richard Sennett）权威的甚至是过分的支持。[31]

森内特将社会学意义上的多孔性理解为对身份、种族、宗教信仰的混合开放，反对"封闭"城市的同质性和规训，他欣赏无序和不可预测性（"开放的城市是那不勒斯，封闭的城市是法兰克福"）。[32]

最后，这个术语的相关性和推动力被

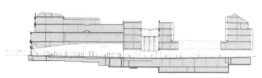

这样一个事实所平衡，在城市规划领域，它听起来有点像是一种对当代世界主要问题的劝告，在大城市中（总是一种微观世界）处于最前沿，仍然没有进入具体的解决方案，或者更确切地说，人们期望从概念化、描述、再现和设计之间的深度协作中收获更多。[33]

在城市修复阶段，安德雷·科博兹提出的"重写本"概念，是设计和理论工作的理想指南。人们也使用了其他词汇而不涉及其字面意义，如格雷戈蒂的"修改"，翁格尔斯（Ungers）的"城中之城"。相反，现在变得如此流行的"多孔性"有可能成为一个汇集了太多不同意义的"咒语"，以至于最终不清楚它真正适用于哪一个。也许我们应当把自己限制在这个词的有机价值上，它实际上指向地球皮肤的概念，以及设计中需要考虑气候变化提出的主题。最好抛开对社会学甚至建筑学的所有参考，人们在其中很容易健忘地在网络、地块、网格、围合体量和街区之间重新提出对立，它们正是 1959 年 CIAM 奥特洛会议上"十次小组"（Team X）出现的原因。

巴塞罗那，水塔

扩展区一个院子的修复：一个过去的蓄水池区域被改造成带儿童游泳池的花园

佛罗伦萨：前穆拉特（Murate）监狱（建筑师：M. Pittalis, R. Melosi, 1998）修复框架包括社会住宅和服务设施，新的公共空间和通道穿过街区，连接不同的城市部分

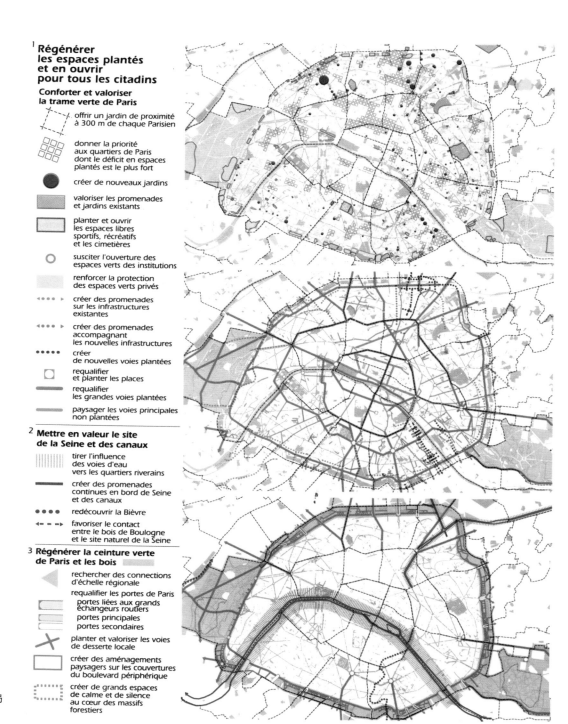

¹ Régénérer
les espaces plantés
et en ouvrir
pour tous les citadins

**Conforter et valoriser
la trame verte de Paris**

offrir un jardin de proximité
à 300 m de chaque Parisien

donner la priorité
aux quartiers de Paris
dont le déficit en espaces
plantés est le plus fort

créer de nouveaux jardins

valoriser les promenades
et jardins existants

planter et ouvrir
les espaces libres
sportifs, récréatifs
et les cimetières

susciter l'ouverture des
espaces verts des institutions

renforcer la protection
des espaces verts privés

créer des promenades
sur les infrastructures
existantes

créer des promenades
accompagnant
les nouvelles infrastructures

créer
de nouvelles voies plantées

requalifier
et planter les places

requalifier
les grandes voies plantées

paysager les voies principales
non plantées

² Mettre en valeur le site
de la Seine et des canaux

tirer l'influence
des voies d'eau
vers les quartiers riverains

créer des promenades
continues en bord de Seine
et des canaux

redécouvrir la Bièvre

favoriser le contact
entre le bois de Boulogne
et le site naturel de la Seine

³ Régénérer la ceinture verte
de Paris et les bois

rechercher des connections
d'échelle régionale

requalifier les portes de Paris
portes liées aux grands
échangeurs routiers
portes principales
portes secondaires

planter et valoriser les voies
de desserte locale

créer des aménagements
paysagers sur les couvertures
du boulevard périphérique

créer de grands espaces
de calme et de silence
au cœur des massifs
forestiers

绿色空间再生并向所有市民开放

作为 1994 年《巴黎城市规划》局
部修订的一项研究

规划与设计实践

从世界许多地区的规划与设计实践中，出现了一些有趣的线索：

1. 抵御气候变化的试点经验，从欧洲国家和几个城市开始，将遍布世界各地的技术和景观学科与城市设计相结合，这些城市的规划文化没有受到质疑；

2. 一些本土的景观设计变体，例如荷兰，F. 帕尔姆布对此有突出贡献；

3. 通过公园、绿地和新的综合公共交通系统的协同，使城市再生计划适应可持续发展。这些计划（包括并不总是合适的在近几十年建造的生态社区，社会住宅和公共设施）通常以更轻巧、非正式且更便宜的方式延续了 20 世纪后期旨在修复废弃地区的举措。一些特殊干预措施是单独的案例：那些将危机和环境风险视为长期稳定的参考框架的（"收缩城市"）；以及那些针对食物循环的操作，通过场地的行动来支持不同类型的城市农业生产（城市农业作为生产性景观）。

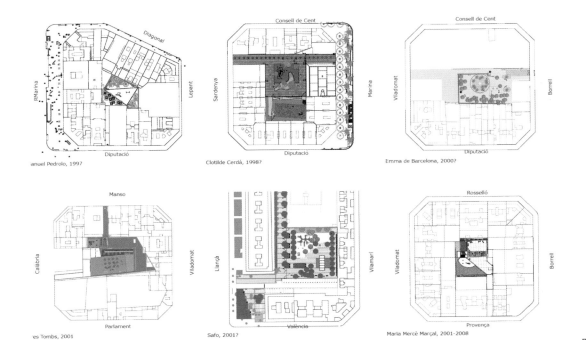

巴塞罗那城市街区庭院的修复

试点经验：欧洲模式

最重要的保护举措正在欧洲传播，是20世纪最后几十年关于生态环境问题的争论的一部分，和近期的另一个问题相交织：土地消耗。这引发了对无序扩张的深入批评[34]，而为指导其保护而制定的土地定义，虽然受到专门化方法的影响，但可以突出在使用和转变方面的自主特性。

自20世纪末和21世纪初以来，欧盟委员会已通过多种举措设法解决这些问题，目标是建设气候适应性强的城市。[35] 虽然许多国家，特别是北欧国家，已经调整了它们的政策和措施（国家的、地域的和城市规划），即使在对特定目标有效的情况下，也没有提出一个城市和地域的概念，来改革和整合其中的常规规划工具。相反，他们提出了新的特别规划来支持常规的规划过程，并为防范风险提供具体的处方。

欧洲的一些大型防洪堤被作为技术性的基础设施来构想

（左上和左下）1974年在泰晤士河上建造的防洪屏障以保护伦敦，以及最近的泰晤士公园

（右侧三图）自1997年以来保护鹿特丹的环形防洪堤（Maeslankering），以及威尼斯的"摩西"，移动装置在水下，不同于以前的防洪屏障

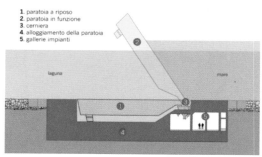

1. paratoia a riposo
2. paratoia in funzione
3. cerniera
4. alloggiamento della paratoia
5. gallerie impianti

laguna   mare

然而，对于具有高水力风险的地区，必须作出不同的评估，在这些地区的农业和城市土地是人类劳动的产物。因此，预防和保护长期以来一直被纳入理论规划实践。这些地区多年来一直对其城市居民点的形式进行审查，其中风景园林学发挥了主导作用。荷兰因其计划拟订过程的连续性传统，而成为最具代表性的国家，下文将详细说明。

与这些经验及其他欧洲城市（如巴黎和法国其他地区、德国或斯堪的纳维亚这座城市）的经验相比，意大利机构的运营实践仍然相距甚远，尽管人们对这一主题有大量的思考，政府也有举措。[36]

这种不足的一个明显例子是 MOSE，这是一个威尼斯及其泻湖潮汐的防御系统，于 1981 年构想，当时在气候变化对海平面的影响进行任何评估之前，从未进行过适当的更新，现在随着它的完成，可能会导致生态环境进一步退化，可能会造成公共资源的浪费，而不是保护城市。

虽然在国家层面上划拨了专项资金，但准备及时能获得资金的项目数量很少，揭示了常规设计实践的滞后："设计上的欠缺一直是意大利的绝对罪恶，[37] 没有人把它放在区域政策的中心"。当一个设计因方案的独创性和广度而脱颖而出，尽管获得批准，却没有得到实施。

哥本哈根，根据《防洪总体战略规划》（Ramboll Studio Dreiseitl，2014），34km² 分 8 个大区域的雨水收集，从防护措施中得到多功能公共空间

阿迈厄岛垃圾处理场（Amager Resource Centre），位于哥本哈根的热电联合废弃能源发电厂，BIG 事务所设计，2018 年开放，屋顶上有人造滑雪坡

哥本哈根愿景规划
图解表达了绿色空间系统，保护城镇免受气候变化影响：开发区（黄色），现有绿地（浅绿色），与现有绿地的建议连接（深绿色）

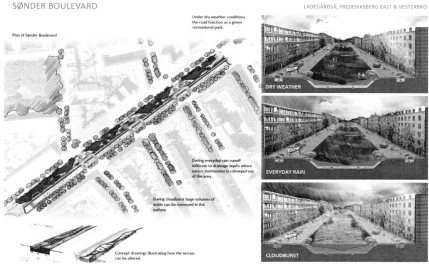

Plan of Sønder Boulevard

Under dry weather conditions the road function as a green recreational park.

During everyday rain runoff infiltrate to drainage layers where excess stormwater is conveyed out of the area.

During cloudburst large volumes of water can be conveyed in the surface.

Concept drawings illustrating how the terrain can be altered.

DRY WEATHER

EVERYDAY RAIN

CLOUDBURST

贝内沃洛在其著作《新千年建筑》的开头说道，与 MOSE 相比，法国圣米歇尔山地区（2004）代表一种欧洲修复文化演变的经验。为了恢复原始的海洋景观，其干预措施整合了仍然受到沙化影响的海湾环境的艰难修复，并使交通道路绕过纪念性建筑群。

而在托斯卡纳海岸，P. L. 切瓦拉地和 G. 马菲·卡尔德里尼（G. Maffei Cardellini）为圣罗索雷 / 米利亚里诺 / 马萨其乌科利公园（S. Rossore/Migliarino/ Massaciuccoli，1989）所作的环境修复方案，直到最近才部分实施，其目的是将历史景观恢复到机械填海之前的状态。随着河流和运河溢流风险的增加，这一理念已经变得很热门，

（左上）哥本哈根北港：可容纳 4 万居民的新生态区，由安博工作室（Ramboll Studio）和 Cobe 建筑师事务所 /Sleth 赢得竞赛，2008 年

（上图）哥本哈根，改造现有道路以涵蓄雨水，《哥本哈根防洪总体战略规划》，安博戴水道（Ramboll Studio Dreiseitl），2014 年

哥本哈根港浴场

哥本哈根 1989 年启动了一项改造计划，将部分港口改造为住宅和办公，旨在使港口的水适合游泳，采用了一系列手段，包括重建了污水管道系统。在此框架中，港口游泳池是最著名的设施（建筑师：J. Moller 团队，BIG，JDS 建筑师事务所，CC Design，Birchog krogboe，2002）

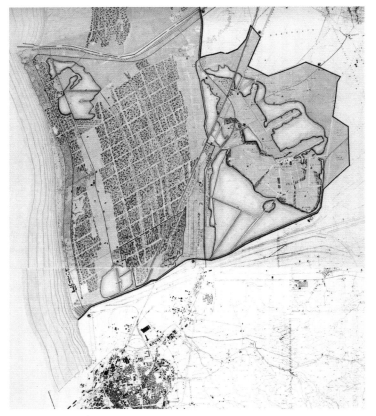

圣罗索雷/米利亚里诺/马萨其乌科利地区公园规划（P. L. 切瓦拉地和 G. 马菲·卡尔德里尼，1989）。对于部分乡村土地，为了修复最初的泻湖景观，终止了 1930 年代开始的机械填海

圣米歇尔山建筑群的环境修复（法国，1995～2015），将停车场后退，建造了木栈道，并进行了一些挖掘工程以减缓淤积

人们可以在其表面找到它们失去的流动空间。[38]

此外，最近的两个备受赞誉的区域景观规划（如普利亚和托斯卡纳的规划），尽管没有直接假定气候变化的主题，但认识到历史景观（即所谓国土遗产）的价值，未能成功地对当地政府的日常规划实践有实质性影响。

在意大利，由于公共干预的深度危机，加剧了在调整现有规划方法适应当前地域脆弱性方面的拖延。意大利部分地域的恶劣状况应该推动公共城市规划和城市设计的重启和更新。

但是，我们仍然没有看到国家、区域或地方在协调环境风险保护和有效城市政策之间的举措。[39]

在哥本哈根的气候适应性项目中，一个涉及历史街区的项目修复了庭院并作为公共空间，同时改善了立面的通风与隔热，以减少能源消耗

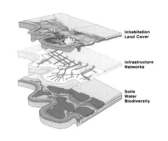

瓦格纳和鲍尔建筑师事务所，新奥尔良大区城市用水规划，2013 年

（自上而下）分层的规划过程

（右图）全视图

米拉波（Mirabeau）水上花园，一个集蓄水、花园、湿地、环境教育为一体的多功能公园

其他模式：美国和中国

欧洲经验在其他地区的传播，主要基于将保护工程转变为一种多功能系统的想法，包括公共空间、公园和公共设施区域，有时具有经济生产的价值。[40]

美国的城市，特别是沿海城市，正暴露在气候变化日益加剧的大气扰动中。[41] 自世纪之交以来，一种新的空间规划和风险保护的文化正在兴起，具有几个方面的独创性。

一个是从"海绵城市"的概念向我们可能称之为"海绵地域"的转变，即在遭受极端天气事件破坏的城市周围，识别一个由绿色基础设施、公园、自然保护区和保护区组成的区域网络，该网络除了公共空间外，还可以作为风暴或洪水发生时的贮留池。2005 年，卡特里娜（Katrina）飓风过后，涵盖了三个集水区的《新奥尔良区域规划》就是一个很好的例子。[42]

此外，纽约的案例是 2007 年的气候适应性规划，2013 年修订，以应对飓风桑迪（Hurricane Sandy，2012），因其地域规划战略而著称，在"用设计来重建"（Rebuild by Design）[43] 竞赛中，在区域尺度上引入生态防御方法，找到了一种独创的表达方式。

这些措施源于荷兰的经验与美国景观传统的融合（伯纳姆的芝加哥国土公园规划，奥姆斯特德的公园设计，以及 McKay 的一些区域规划建议）。

然而，美国特别是新奥尔良的环境危机，突出了完全不同的土地使用策略，如 N. 克莱因所展示的。

在所谓的"冲击经济"（shock economy，灾难资本主义）中构建紧急情况——即故意造成或利用经济环境灾难来实施极端自由主义政策、使地域军事化和转移公共资金的政策；减少对服务业的投资，慷慨补贴私营公司，以缩减负责保护土地的国家机构规模——我们可以揭露它们对土地的残酷开采。

尽管在预防性项目上投入了大量资金，但损害并没有减少，救助（资金总是有利于私营企业）也不够及时有效。[44]在世界其他地区（即海啸后的印度洋沿岸），士绅化和投机性的旅游开发运营采用了"白板策略"（tabula rasa）。

在 N. 克莱因接下来的著作（《天翻地覆：资本主义与气候危机》，2014 年；《火上浇油：绿色新政的当红案例》，与艾伦·拉内合著，2019 年）中，直接提出环境问题和气候变化是具有全球重要性的社会催化剂，如同由极其不公正的经济制度产生的催化剂一样，以支持她激进的社会改革建议[45]。当时，特朗普政府和科学界之间的冲突把气候变化问题变成了一个政治问题[46]。但与此同时，它们出人意料地增强了应对气候变化危险的决心[47]。以这一问题为中心，拜登（Biden）新政府推翻了之前的联邦路线、防御行动遍及各种

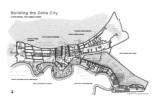

新奥尔良大区

城市设计用水。将新奥尔良大区作为一个三角洲城市，蓝色和绿色基础设施、公园和湿地使其具有弹性

沟渠修复图解，作为历史的水体走廊，提供了新公共空间、花园和公园的路径

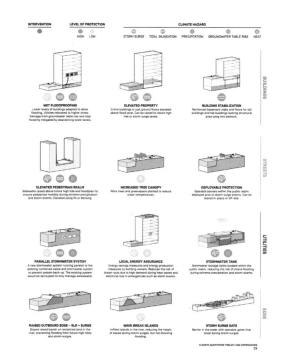

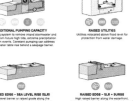

下曼哈顿气候韧性研究，纽约，2019 年

纽约市近期的一项关于环境风险防护项目实施情况的研究。鉴于城市界面的不同形式，提供了不同的保护工具包（Toolkit）

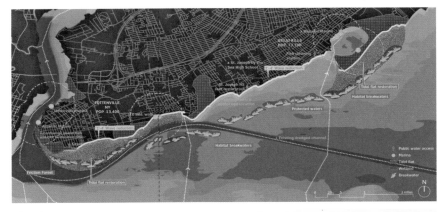

下曼哈顿气候韧性研究，纽约 2019 年。逃离浅滩，生活防波堤

为保护纽约而提交并获资助的方案。它通过水下防波堤重塑自然环境，为斯塔顿岛（Staten Island）的渔业和当地经济活动提供保护，免受海平面上升和风暴的影响。总平面和横断面

曼哈顿的大 U 方案

另一个保护纽约的项目，为公共空间和设施修建水坝

尺度内的干预。

我们将见证新的国家指导方针和地方行政部门的规划能否将保护措施纳入更广泛的政策，以解决更深入的城市和环境问题（如住房危机、医疗保健和其他公共服务的暴力私有化、士绅化和 N. 克莱因报道的其他问题）。

同样在中国，防范风险的措施包括为城市政策提供信息。

一个代表性的例子是抵御洪水的适应性和保护性的"海绵城市"计划。这显然是受到了荷兰经验的影响[48]，涉及 16 个试点城市，每个城市都受益于一笔专门贷款。该项目呈现出一个有趣的方面：除了建设保护工程基础设施以增加城市的韧性外，还旨在将城市中过剩的水转化为资源：开发一个多用途的水回收和循环系统，用于灌溉绿地和农业用地，并为家庭用途和污水系统提供储备。现在作出判断还为时过早。一方面，考虑到中国水资源问题的严重性，这一行动具有相当大的社会效益。城市以越来越高的成本引进水，初步调查显示，至少在某些情况下，雨水得到了大量回收。但另一方面，由于项目投资者的弱势、公共干预的缺失、社会与城市的脱节等问题，延缓了计划的实施。然而，这

个计划最终涉及管理机构和风景园林学，这在中国依赖于坚实的传统，并试图以一种不依赖于荷兰水文管理方法的愿景来解决环境风险和气候变化，成为一种真正的环境修复文化。景观设计师俞孔坚就是这样一个例子，他一直将他的景观设计工作描述为一种源自古代的"生存艺术"，强调与水自古以来的友好关系，在这种情况下，"海绵城市"项目给了他一个机会，唤起地域在字面意义上的"多孔性"的时尚概念。[49]

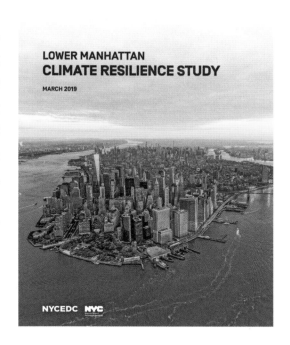

下曼哈顿，气候韧性研究，2019年3月，纽约，NYCEDC

中山岐江公园，景观设计师：俞孔坚，2001年

（上图）在中国南方，一个废弃的造船厂区域被改造成公园，可视为海绵城市计划的一部分
重新利用土地来提高其渗透性，中国重庆

177

（右图）鹿特丹项目工作室是 2014
年鹿特丹国际建筑双年展的一部
分，旨在研究城市的可持续发展

（下图）在荷兰，防止环境恶化和
气候变化的各项倡议在各个层面上
均得到协调。《2016～2021 年国
家水利规划》表明了保护风险地区
的国家战略，这里以三张地图为例：
本页是不同地区的地域政策摘要，
下一页是洪水风险管理和淡水面临
的挑战；沙质系统中的过程

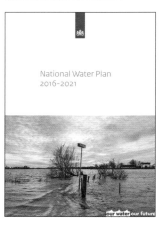

景观设计的地方变体：荷兰水城

　　荷兰的发展规划将环境价值纳入城市系统，其连续性仍然保证了实验的高水准，这为一些特殊的试点经验（如鹿特丹的经验）以及常规城市与区域地域提供了信息。经过长期以"紧凑型城市"为导向的城市更新，这一特点当前对应的是郊区住宅扩张的强劲重启。

　　荷兰的西部现在是一个集合城市区域，由八个著名的历史城市（阿姆斯特丹、乌得勒支、多德雷赫特、鹿特丹、代尔夫特、海牙、莱顿和哈勒姆）组成，当 E. 德阿米奇斯（Edmondo de Amicis）在 1850 年到访时[50]，它们在各自的几何图形之内仍完美地保持特色。长期以来，地理学家一直把这个巨大的集合城市（conurbation）作为一个世界城市的例子来研究：[51] 一个单一的大城市，欧洲人口最多的城市之一，大部分建在人工土地上，由三角洲的大规模填海而成。因此，毫不奇怪，气候变化影响的研究已经在这里早早地开始，希望保护和进一步发展城市住区，尽管这是为了将部分填海的土地退回海洋，以应对海平面上升，同时加强并将传统的防洪措施（水坝和堤防）现代化，使海洋城市化。

　　历史上，将保护工作纳入景观和城市规划的目标一直与他们的设计同步。[52] 但在过去的几十年里，这方面变得越来越重要，并促进了荷兰的"规划模式"在洪患地区传播。

　　追溯到 2005 年，A. 格兹（Adriaan

Geuze）为鹿特丹国际建筑双年展组织了"荷兰水城"（Hollandse Waterstad）的重要展览。与此同时，由 F. 霍伊梅杰（Fransje Hooimeijer）、H. 梅耶（Han Meyer）和 A. 尼昂于斯（Arjan Nienhuis）编辑出版了《荷兰水城地图集》（*Atlas of Dutch Water Cities*）一书，阐明了"城市发展与水利工程之间的关系，展示了大量将水路基础设施和防洪设施整合到建筑构想中的设计"。

展览显示了荷兰不同地区的措施：海岸、河流和圩田。这项研究的某些提议已经变成了项目，例如装备和加强"中空水坝"，用于生产能源和安置因风险地区而流离失所的家庭[53]，以及 M. 索拉—莫拉雷斯设计的著名的谢弗宁根漫步道（Scheveningen promenade）。水坝的概念因此得到修改，发展出与水关系的新形式：更少的人工和更多的自然，其中新的水坝

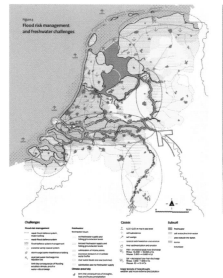

洪水风险管理和淡水资源的挑战

也发挥了公共空间功能；同时，数千公里因过时而被废弃的古代水坝改造成了新的公共用途，并成为国家建成遗产的一部分受到保护。[54]

在城市范围内，政府机构越来越关注

（上图）新阿夫鲁戴克（The New Afsluitdijk，32km，世界上最令人印象深刻的水利工程之一）是委托给艺术家 D. 鲁斯戛尔德（Daan Roosegarde）进行的升级和景观规划的主题

Using Technological Innovations to Reinforce Traditional Dikes

Developing Multifunctional Dikes

The dikes of the future will be more robust, multifunctional and resistant to breaches. Examples include the 'Delta Dike' and the multifunctional dike. The former is unbreachable, whether by water flowing over it or by waves thrashing against it. The multifunctional dike and 'super dike' go further still: these are wide, unbreachable dikes, which are combined with other functions and even more closely integrated into the landscape. Other designs combine several parallel structures into double or triple dikes. All these are dikes that can be modified to suit their surroundings. In other words, a dike in a rural area or on the coast will be constructed differently, and have a different profile, from one in the city. A dike in an industrial area will be very different from one in a nature reserve. Multifunctional, unbreachable and adaptable: those are the keywords that will govern the dikes of the future.

Developing Multifunctional Dikes

与景观融为一体的多功能水坝实例

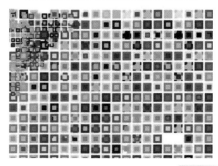

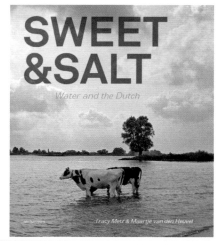

F. Hooijmeijer, H. Meyer, A.Nienhuis.《荷兰水城地图集》 *Atlas of Dutch water cities*,（太阳报）Sun, Amsterdam，2005 年

T. Metz, M. van der Heuvel. *Sweet and Salt*, Nai 出版社，鹿特丹，2012 年

费吕沃湖（Veluwemeer），荷兰最著名的水下通道

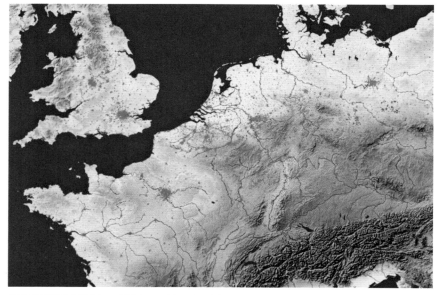

北欧的城市三角洲（from H. Meyer, *The city of future. The future of Urbanism*, TU Delft News, 23 November，2016）

这个问题，鹿特丹因其规划的质量和及时性而引人注目，可能归因于它高度暴露于风险之中（城市位于低于海平面的圩田上），以及保护重要港口设施的紧迫性。

鹿特丹的规划过程已经成为一个范本，而不仅局限于一种技术干预方案，它预示着一种新的城市景观。《气候适应性规划》（2008 ~ 2013）的目标是建立一个完全韧性的城市，表现为五个主题：洪水、预防中暑、港口的可达性、建筑的适应性、新的水处理系统 [55]。规划的主要目标通过致力于调适城市本身的形状与结构来实现（不仅通过水坝和堤防等围堵工程来控制海平面上升，而且要像当时威尼斯共和国在泻湖中那样，将城市土壤变成一种海绵）。

考虑到该规划的具体性质，战略性多于操作性，以及由此产生的长期实施，可见的成果依然有限（一些能够收集雨水的广场：waterpleinen，一个屋顶是公共花园的大型停车场，以及污水系统的改善）；这并不能推翻将荷兰的经验视为一种向世界各地输出的模式主要原因：事实上，公共空间规划是通过在不同尺度上（国家、区域和地方）整合所有部门和主体来实施的，它们都参与了塑造新的城市景观。

荷兰许多其他城市发起了一系列倡议，涵盖了从阿姆斯特丹预防暴雨引发洪水的防雨平台（通知居民，提出小尺度的措施，将受修复计划影响的新的社区规划方案调整为有效的防雨设计）到乌得勒支进行的研究，以制定联合的气候变化适应性方案。

这种传统是如此根深蒂固，以至于大地艺术家也参与了运营任务：一个例子是 P. 德·科特（Paul de Kort）的作品，他有时会参考 R. 史密森的水上作品。他设计的史基浦（Schipol）机场跑道旁的绿地与音响工程师合作重塑了地面，以大幅降低了飞机的噪声。此外，我们还联想起一些建筑项目，它们创新了与水的传统关系，成功地探究了特殊的住宅类型（阿姆斯特丹艾泽尔堡的漂浮之家）。

泽兰（Zeeland）的菲利普水坝（Philipsdam），荷兰最复杂的水坝之一

阿姆斯特丹机场周边地区景观，2011 ~ 2013 年

阿姆斯特丹漂浮之家，M. 罗默（Marlies Rohmer），2001 ~ 2011 年

阿姆斯特丹，艾泽尔堡的码头岛（Steigereiland），罗默设计的漂浮之家，2018 年正在建设中

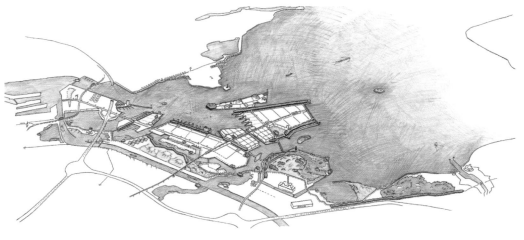

F. 帕尔姆布
（自上而下）艾泽尔堡的透视草图

鹿特丹作为一个群岛

马斯特里赫特—贝尔韦达
（Maastricht Belvédère）总体规划，
2004 年

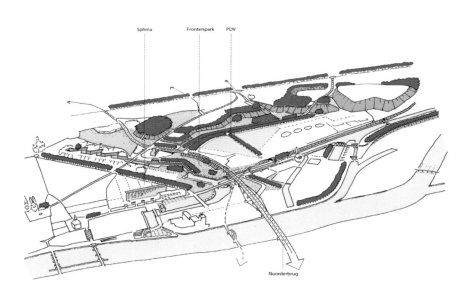

F. 帕尔姆布的作品

　　在荷兰建筑领域，F. 帕尔姆布（生于 1951 年）如今是一位著名设计师，他有着突出的任务，包括海牙的伊彭堡（Ypenburg）和阿姆斯特丹的艾泽尔堡新区，他是一位代表性的人物。1987 年，他出版了一本关于鹿特丹的原创研究《鹿特丹城市景观》（*Rotterdam Verstedelijkt Landshap*，010 Rotterdam，1987），从未翻译成荷兰语，书中他重建了城市及其地域的形态，并将当代的集合城市解读为三个层面的并存：自 14 世纪以来实施的水利工程，地面排水将其从三角洲的自然动态中拯救出来，真正地创造了农业和城市土地；聚居点的道路网络几乎百分之百地沿袭了填海的轨迹（运河、路径、定位线），直到 20 世纪上半叶和"交通机器"——快速路和铁路网络，自主地、孤立地穿过地域——才与过去的历史分离。鹿特丹作为一种"建成景观"，完美地与阿姆斯特丹相对：基于其肌理几何规则的真实城市结构，正如当年 C. 范登霍温（Casper van den hoeven）和 J. 鲁维（Jos Louwe）的一项研究所确认的。[56]

　　也许是因为他没有受过景观教育——他在代尔夫特与 M. 利塞拉达（Max Risselada）一起研究了现代建筑的起源[57]，

并出版了一本关于苏联建筑先锋派的书[58]——帕尔姆布没有把他的设计作为平面上的体量整合来缓解其冲击，而是研究能够设法解决设计问题的景观要素。[59] 1981~1990 年间，他在鹿特丹城市规划办公室工作时完成了关于鹿特丹的著作[60]和普林森兰（Prinsenland）地区的方案，他开始了一项利用原始图形的设计实践：图解、景观图片和手绘草图，在 2014 年汇集成一本专著出版。[61] 帕尔姆布作品的国际知名度不如最著名的风景园林师们，但深植于其国家的专业环境，并由几个实施的项目组成，能够反映出景观的途径在城市规划中的可能性和局限性。它并不承诺后工业城市再自然化：实际上，这是荷兰不间断城市化的一部分，虽带来很多问题，但应对了地域的结构性要素，而不是地面的"装饰"，取得了显著成效。

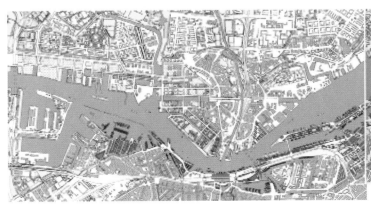

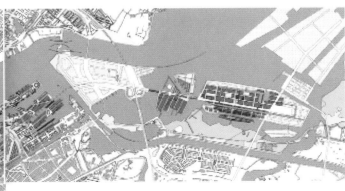

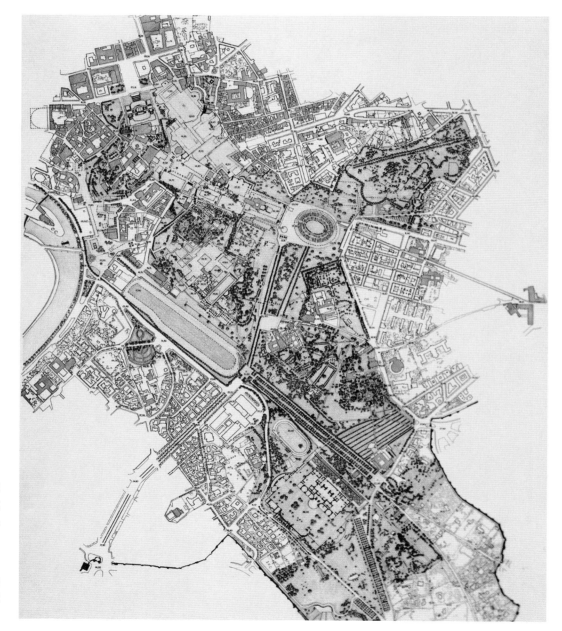

罗马，中央考古区和现代城市(L. 贝
内沃洛，A. 卡尼亚蒂，V. 格雷戈
蒂，A. 切德尔拉，V. 德卢西亚等，
1988)

该提案基于一个 1985 年的项目：
拆除了帝国大道，建立了一个连续的
步行空间，就像一个连接古阿皮亚
公园（ Appia Antica Park ）的绿楔

北欧的生态社区

聚焦可持续城市再生的新项目

第三组创新线索涉及以可持续性原则为目标的大尺度城市再生。这一组中，生态社区在传播和受媒体欢迎方面引人注目。许多原型都涉及为非凡的城市事件而进行的废弃地区再生，这绝非巧合 [21世纪初马尔默的 Bo01 展览，2008 年在斯德哥尔摩为支持申办奥运会举行的哈姆滨湖城（Hammarby Sjostad）展览]。[62]

20世纪末，自 1994 年《奥尔堡宪章》（the Charter of Aalborg）确立了操作指导性原则后，生态社区开始以各种形式实现，除了修复现有城市化地区和衰退地区外，还有新建卫星城区的形式，特别是在中欧和北欧国家。尽管这些案例的共同目标是与中等密度紧凑城市差异明显的蔓延，但人们在其中可以找到最令人信服的解决方案，在不消耗未开发土地的情况下，设法建造一个让居民满意的城市环境，重新平衡可渗透和不渗透表面之间的关系，并将私人运营商的参与置于严格的公共控制之下。

另一个方面影响了几乎所有近期的再生规划：使用绿色 / 公共空间作为转型的催化剂。紧凑型城市内部公共空间的创建与组织是典型的修复 / 更新文化，寻求城

德哥尔摩哈姆滨湖城

德国弗莱堡沃邦社区，马尔默 Bo01 和铁锚公园（Anchor Park）照片

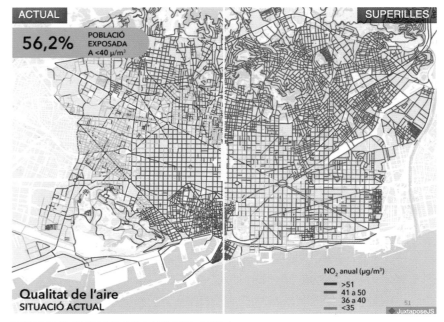

巴塞罗那绿色基础设施和生物多样性规划，2013 年
设立超级街区（superilles）后，预期的空气质量改善
主要绿廊景观

超级街区图解
2015 年，巴塞罗那开展了超级街区的实践，九个街区内一组，消除了内部的机动车交通。从长远来看，超级街区周边的机动车交通量也会减少

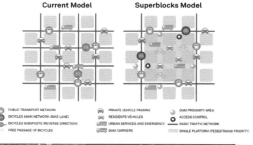

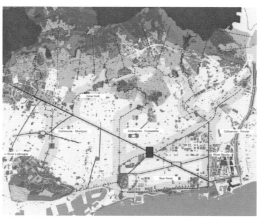

巴塞罗那：绿色基础设施网络

市的价值。它从一开始就在衰退，当人们重新思考前现代城市被限定和围合的空间：街道和广场[63]，并将它们的缺席视为是现代建筑师缺乏对非正式社会关系关注的症候，与哪种功能无关，而是在高密度地区人们走出家门时自发产生的。但随着时间推移，这一话题带来了肤浅的动议，如很多新"广场"的竞赛，以至引起批评，贝内沃洛在他的文章《为所有人的广场》[64]中，比较了城市政府中某些市政管理部门的缺位与他们在街道家具和展演方面的积极主动。

与此相反，1984 ~ 1987 年，贝内沃洛和格雷戈蒂联合为罗马帝国广场（Fori

L. 克里尔，公共空间相对数量比较

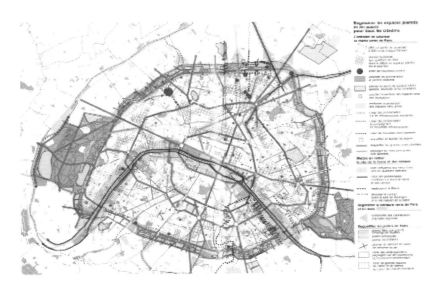

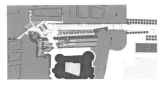

Imperiali）地质公园所作的设计，可能是意大利对建成遗产修复实践的最后一次重大贡献，有效解决了大型公共地面空间和地铁站之间的关系。

20 年后，A. 西扎设计那不勒斯 Municipio 地铁站时，也面临着类似的问题，即地铁站、地下纪念物遗址（被考古学家发现）以及更新的地面广场之间的连接问题。

在 21 世纪，将城市公园作为催化剂的主题已经影响广泛，特别是在那些关注于城市更新与修复的著名城市，采用了不同的形式：绿色基础设施、绿廊、超级街区（巴塞罗那），或与地面作为生物多样性场所概念密切相关的新解决方案等。这一主题经常明确承诺目标，以应对气候变化的某些影响，特别是热浪和水力风险。

风景园林师引入的建成环境生态系统质量的新愿景：首先是大型城市远郊的项

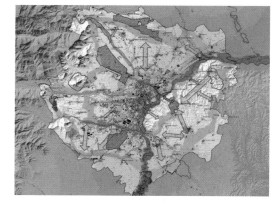

慕尼黑，绿带

哥本哈根指状绿带规划 2013：绿楔和绿带

都灵，绿带规划研究

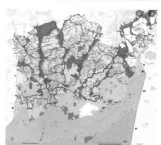

斯德哥尔摩 2030 年绿色空间，赫尔辛基绿楔

（右图）波尔多梅里尼亚克（Mérignac）绿色空间规划（M. 德维涅与 OMA，2017）包含了新住宅建筑的大型商业 / 工业地区的城市更新，以创建"城市绿洲"为基础，即由绿色空间连接的混合用途街区。大多数的铺装地面如停车场等，被改造为自然空间。新街区的底层与住宅和沿路人流结合，用于各种功能和服务

目，后来是绿色系统作为当代城市基本结构的理念（德维涅、拉茨等），为将这些空间视为一个独立但相互联系的地区网络奠定了基础。因此，它重新提出了工业城市地景文化的基本理念，其中绿色空间在大都市的一致性愿景中发挥了基础性作用，P. J. 伦内（P. J. Lenné）的柏林绿带规划（1848）是其首秀，随后的设计师如奥姆斯特德的波士顿和 20 世纪初弗莱斯蒂埃（Forestier）、波艾特（Poete）、阿加什、饶斯里（Jaussely）、普罗斯特（Prost）

的巴黎[65]。这一理念，在伦敦的例子之后，以大都市绿带的形式发展至今。

一个代表性的例子是波尔多的一套作品，源于 2000 年的《景观宪章》（Landscape Charter）定义的"基本"公共空间：一种为后续作品所作的框架计划。从《景观宪章》衍生出几个实施的项目，包括 2004 年建筑师和城市规划师布鲁诺·福捷完成的《加隆河右岸总体规划》。[66]

气候变化问题可能引发一项缺失的规划政策，就像 IBA 鲁尔的例子，随

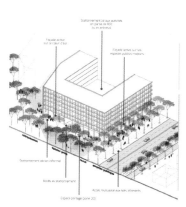

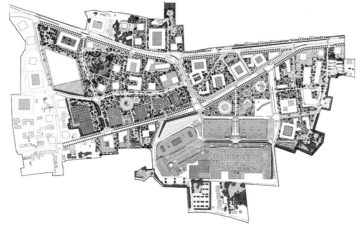

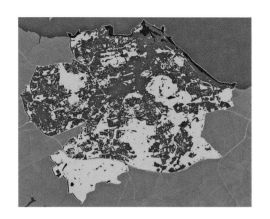

米兰和爱丁堡的绿色空间规划

波尔多安杰利克公园（M. 德维涅，2012 ~ 2017）

1990 年通过 IBA 修复的卢萨蒂亚 /普克勒尔侯爵领地，将矿区转变为一系列湖泊，重新启动了该地区的经济

后是 2000 年的 IBA 普克勒尔侯爵领地（Fürst Pückler Land），将一个废弃的矿区改造成一个巨大的公园，有助于解决当地城市系统的经济衰退问题（见专题 IBA 鲁尔）。

此外，风景园林学几十年来对交通基础设施项目的贡献仍在继续，特别是将绿色公共空间与新的城市公共交通系统结合起来。但无论如何，仅仅将空白空间设计交付于风景园林学是不够的，或者至少是部分的回应，因为它忽略了整体的建成环境，就好像它不是设计能够应对的一部分。

M. 德维涅，《景观宪章》，波尔多，2002/2005 年

（左图）总体方案与城市规划指引，改善和连接城市中碎片化公共空间

劳赫哈默（Lauchhammer）生态塔的修复（Zimmermann & Partner 建筑师事务所，2008）

对一个 1950 年代的小镇及一个煤矿的典型干预。废水在被称为生物塔的一系列特殊建筑中净化。该项目将土壤修复作为活动和展览空间，而塔楼则改造为仓库或观景台

生态大街（Ecoboulevard），马德里，（Luis Vallejo，2004～2007）

一个半封闭的可移动装置，带有三个特殊的亭子："空气井"，用于冷却空气，结合了内部垂直花园和太阳能电池板（8°～10°）

汉堡港口城（Kcap，2001～2007）

（下图）将港区改造为住宅及办公区域。总体规划整合了可持续性和预防洪水。为了保护该地区不受易北河洪水的影响而重塑了场地：建筑被抬高，公共空间分为三层（海拔8.50m为广场和步道；4.5m为人行道和公共建筑物；海平面用浮筒形成大型公共区域，随潮水涨落）。右图为麦哲伦平台（Magellan Terrasse）

现有城市更新计划的调整

自21世纪初以来，许多正在实施城市更新计划的城市都面临着新的问题：经济和环境危机降低了城市转型的余地。一种棕地再利用的模式被推广开来：1977年柏林索默学院（Berlin Sommer Akademie）的11篇论文（绿色群岛与城市岛屿）将其理论化，然后在IBA鲁尔也进行了实践，在精心设计的公园土地上像对古代遗址那样进行局部的更新：一个可以追溯到"游学旅行"文化的浪漫观念。这样的实践，即将不透水的地面转化为有生命的土壤，在生态循环中起到作用，为休闲和乡村/生产功能获取新的绿色空间，这在城市增长和更新的早期阶段相当罕见。1990年代末的几个城市更新计划都适应了这一新趋势。

在继续修复衰退的前工业区来创建公园的行动中，目前有一些具有多重目标，包括抵御气候变化和环境风险。一个鲜为人知的例子，代表了当今所需的多个目标，是德国马克特雷维茨（Marktredwitz）一

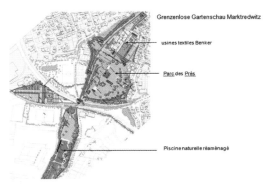

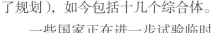

马克特雷特维茨（Marktredwitz），
德国（Axel Timpe，2006～2009）
将有洪水风险的废弃工业区改造为
多功能公园（滚动池，生态游泳池
和公园，具有饮用水净化功能的绿
地）：总平面和照片

兵库县立美术馆和滨水广场，日本
神户（安藤忠雄，2002）
1995 年地震后，海滨的修复包括
博物馆和一个大型公共花园，带有
一个室外剧场，可作为灾难发生时
的第一个避难所和防火屏障

巴塞罗那 Fabra y Coats
前工业园区被改造成为多功能综合
体（服务设施和社会住宅），现在
是"创新工厂"的一部分

家废弃工厂的修复（建筑师：A. Timpel，2005）。就连汉堡著名的港口城（Hafen City）项目及其广受赞誉的爱乐音乐厅，也用新的"观景平台"来补偿高密度，使公共空间免受洪泛影响。[67]

当代最具代表性的城市修复行动是在仔细控制土地使用的情况下，以低成本回收废弃建筑，以满足社会使用需求（为新的工艺、艺术和文化活动提供限定租金的临时使用空间；为学生、老年人、单身和年轻夫妇提供特殊的临时社会住房）。其中，巴塞罗那的创新工厂（Fábricas de la Creación）尤为突出，是一个系统规划的例子，始于 2007 年（但早在 40 年前就有

了规划），如今包括十几个综合体。

一些国家正在进一步试验临时空间使用的经验，包括灵活的文化和娱乐活动计划，以低成本进行自建，遵循或多或少有组织的集体决策过程。有时，它们在公共投资减少的情况下进行（例如新近改造的阿姆斯特丹 NDSM 码头宽敞的场地中的集装箱学生宿舍或工艺与艺术活动工作室）。他们通常依赖于可用性、公共可达性和地面空间的大小，一旦建设时预期的目标用途不再有效，它们会将城市化地区转化为开放空间。

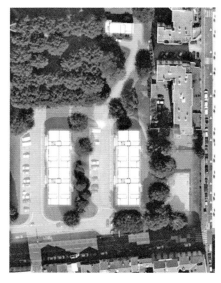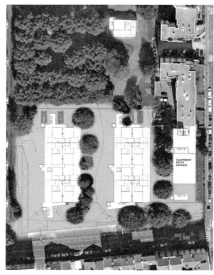

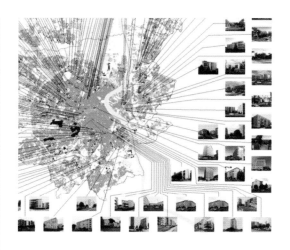

Lacaton & Vassal 建筑师事务所，2010 年
波尔多城市社区，研究从现有住宅区的改造中形成 5 万套公共住宅。（左图）某街区再开发项目，现状与方案对比；（右图）计划的位置图

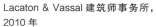

柏林前滕珀尔霍夫（Tempelhof）机场：经过长时间的争论，一个适度建筑开发的公共公园的想法占了上风。2011 年的比赛由建筑师 Gross Max + Sutherland Hussey 赢得。与公园融为一体的是地理学家亚历山大·冯·洪堡的纪念碑（上图）

在其他情况下，目标是修复被废弃和衰退的公共区域，用于新的对社会有益的城市用途（公共住房、设施和基本服务如学校、医院等），这些地方即使存在绿色空间，也不是主要的，结果并不均衡。

在城市扩张阶段建造，长期以来受到居民排斥、疏于照管且在衰退的公共住宅，其再开发受到生活方式变化的影响，这种变化涉及弹性、"多孔性"、新的户外空间等问题，并需要与地面建立新的关系。

有一些重要的例子，如罗马 Corviale

（孤立的）公共住宅的更新，或法国和西班牙针对公共住宅的更系统化的干预。我们已经提到了苏联各共和国的大量公共住宅遗产，现在已被私有化和投机市场抛弃。考虑到它们在特定环境（欧洲和其他地区）中的权重，我们也可以看到城市衰退（收缩城市）和"都市农业"主题相关的实验。

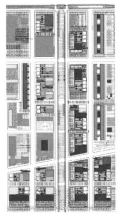

巴塞罗那，（Mina）米纳地区的修复
（左图）修复规划方案：公共土地是该地区再开发的重要组成部分，在其中央布置了一条新的兰布拉大街
（中图和右图）实施前后的鸟瞰图：市中心是有公交车辆的新兰布拉大街

巴塞罗那，米纳区中心的新兰布拉
大街和新的有轨电车

土地、收缩城市和都市农业

这些主题是相互关联的：最初出现于1990年代，由于一些国家的生产衰退，导致东欧建造的蓝领新城（Nova Huta, Halle Neustadt）被废弃，但它也扩展到了世界上生产工厂停止运行的地区：一开始是由于淘汰或搬迁，后来，在21世纪是受到资本主义危机的影响。

都市农业在很多地方已经成为一种改善环境质量、自产食物、抵御某些环境风险（如热浪）和发展新社会生活的实践，它仍然是收缩城市的一种特色行为[68]。在某些情况下，这一过程甚至导致了一种理想化的衰退景观。其中，随着空间和时间的意外增加，农业能够返回它曾被城市化驱逐的地方，并在修复或自然化的工业遗迹中重新立足。这种类型的都市农业，非常接近国际援助组织长期以来提出的减轻第三世界城市化影响的程式。

应该指出的是，在最有趣的例子中，收缩城市受制于高度创新的城市政策。总的来说，城市建筑学的"俭省"和社会经济公平的特征使得这种类型的经验（除了欧洲和美国一些地区剧烈的经济危机带来的经验）[69]不那么引人注目，因此也不那么为人所知。

这些城市将其目前的衰退阶段视为不是为了继续发展而需克服的暂时性危机，而是一种新城市状态稳定而持久的形式。因此，他们重新制定了规划战略，更加重视自然环境，鼓励土地和建筑物的临时使用，从而可以在不需要大量投资的情况下，改善社会经济条件和生活质量。

与底特律这种最严重和著名案例相比，欧洲的一些实验，如德绍[70]，依靠适当的规划战略（一种可控和可持续的"收缩"政策），展示了"治理"危机的能力，而不是出售公共土地或只关注私人房地产投资，最终得到一些装饰着绿色植物的摩

（左下）底特律现状景观
（右下）《绿色底特律》规划图

1990～2010 年欧洲城市人口演变
（作者原图）

天大楼和华丽建筑。相反，他们使用一种（战略性的）公共规划的有效方法来管理一种新的城市状态，其中未开发土地占主导，代表了经过重建测试的现代城市特定版本再生所需的主要资源，如今已衰败枯竭。[71]

将城市的废弃地区改造成生产食物的城市菜园，可以由此产生一种"生产性景观"，或者也被称作"可食用的景观"，也被人们认为具有美学品质（在收缩城市中

屋顶农场由"修复绿色屋顶"（Recover Green Roof）公司在波士顿医疗中心的屋顶上创建的，其灵感来自于中世纪欧洲城市医院里设立的具有治疗作用的古代城市花园的传统

德绍
道路交叉口改造为绿地

（右图）法兰克福绿化带被誉为是德国最著名的步行道之一。它设立于 1991 年，全长 65km，周围有 8000hm² 的农田、树林、运动区、公园、展览空间和活动以及表演

可以找到它们）。[72]

即使它对城市土地的深层结构影响不大，而且很可能不是可持续城市规划方案的核心（社会需求及其相对优先性如今在别处），但这类实践的传播再次肯定了被景观设计师的方案所忽视的具体价值，P. 尼可林（P. Nicolin）在《莲花国际》（Lotus International）第 149 期中再次呼吁道：

"……例如，新的地理倾向可以作为当代景观过于审美化倾向的补偿，因为它们

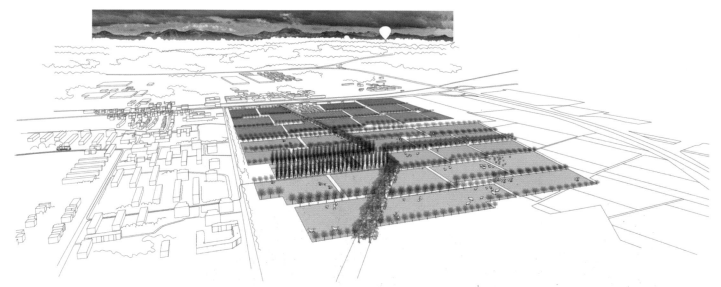

农业卫城（Agropolis）是 2009 年在慕尼黑大都市区引入都市农业的竞赛中获胜的项目，在弗莱汉姆（Freiham）地区进行了试验，预计该地区有 2 万居民

对只要被看到的环境进行了图像化处理"。

该杂志概述了这一领域的主要活动，但没有说明与所谓的集体使用的公共花园相关的特殊的都市农业形式：一种新型的公共混合空间，用于消磨空闲时间，同时生产少量食物。它们能够活跃社会关系，被认为是卓越的城市场所，"城市可以与自然和农业建立新的关系"。[73]

这些形式的可持续都市农业（不同规模的城市和社区花园；城市周边的乡村公园和绿化带；面向市场和"短"运输链食物的不同组织形式的农场）可以起到补充作用，使城市更具魅力、更具生态性和包容性。但是，尽管它们在制度领域越来越受欢迎，但仍然没有能够实施协调发展的政策：通常是局部的行动为主，有利于乡村地区的景观保护或社会功能，忽视了那些真正的生产性。[74]

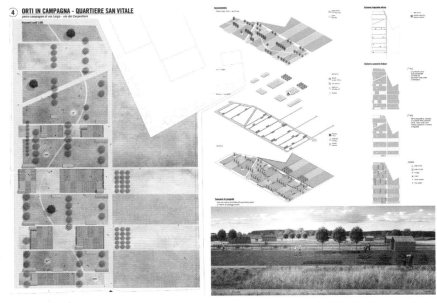

2014 年博洛尼亚城市果园竞赛，来自 M. Peota 团队的获胜方案

法国凡尔赛小树林（Petit Bois）社区的城市果园

世界上最大的屋顶"气雾栽培"农场已经在巴黎的一个大屋顶（凡尔赛门世博会）上建成，已经可以为下面的餐厅提供服务

法国阿哈斯（Arras）自然城（M.德维涅）

（右图）巴黎的城市果园

城市再自然化是不够的

然而，就当前来说，风景园林师的受欢迎程度及其项目上的成功似乎并没有明显改变城市生产—形成过程所基于的平衡协议。

一方面，地面设计已在废弃工业地区再开发、陈旧的交通基础设施改造和新交通基础设施设计等领域占据了主导地位。此外，自然景观美化方法及其减少工业生产的后果已在城市规划中占主导，尽管对规划的实际实施不可避免地持保留态度。

但另一方面，无论是在城市改造项目中允许集中和高密度的趋势，还是城市的无序扩张，都没有停止。自20世纪末以来，"拥挤"一词重新获得了积极的含义，而欧洲反对无序扩张的呼声似乎并没有减少独户住宅的蔓延，即使是在意大利这样的国家，直到20世纪中期，还保持着强大的城市传统。

建筑学的反应往往是用绿色植物来掩饰高密度和高楼大厦，因此在城市土地问题的源头提出的论点——如剑桥学派在1960年代所修正的——并没有失去其意义。

都灵朵拉工业遗址公园（Parco Dora）

将原维达利（Vidali）的工厂转变为多功能空间（P. 拉茨团队，2004/2012）

奥兰达的埃门市政厅广场
(Raadhuisplein Emmen, Olanda,
P. 拉茨，2014)

在移走地下停车场和横穿道路后，
该空间被用作广场和花园，可以从
现有和规划的公共设施俯瞰。地面
局部再自然化，像地毯那样组织，
上面有池塘、小径和花坛相交替

城市土地的现代概念在部分失去了与城市规划和建筑设计的相互约束之后，主要在环保主义文化中获得了支持，并在参与保护我们星球的舆论运动时成为其中的一章。土地不再是可以从私人投机者手中"解放"出来供所有人享用的资源，也不再是一块可以通过观察和挖掘来发现的分层地域，而是受到城市化和工业生产威胁的整个地球表面，这些活动区在 20 世纪成为转移到世界边缘的负担之前就已成为特色。只有后工业城市的再自然化被认为是以公共利益为导向的设计活动：与风景园林学搭配，被认为对增长的后果是先天无罪的。[75]

但是，将我们的视野从城市扩展到自然，从地域到景观，与 1980 年代发生的变化相比较，并没有伴随着城市设计文化平行演变。当时倡导重新审视"审美规划"（ aesthetic planning ），以及建筑和城市化的统一（格雷戈蒂事务所的规划是范例）。从城市设计的任务中解脱出来，它被如此高估以至于可以与土地投机共存（巴黎人可以享受德维涅的精致布局——自然生长的植物、轻质凉棚，芦苇从水中长出——同时等待盖塞甘岛（ Île Seguin ）被让·努维尔和其他著名建筑师的设计的巨大体量覆盖），风景园林学完全聚焦于地面。

看来，风景园林学和景观都市主义应

当考虑到，即使是他们最期待的和最激进的承诺，如行星花园，如果他们想以同样的效力将土地的有机概念付诸实践，也应该面对城市的实际生产过程和支持它的建筑市场。因此，自然环境的创造被永久地纳入城市改造项目中，这些项目如今越来越独立于城市规划，改变了它们的优先次序，有时甚至改变了方案，特别是与特殊的和象征性的事件联系起来时。在这些情况下，景观设计的独创性和新建筑的可见性往往是与公众沟通的最有效工具（必要时也可以越过当地政府的领导）。米兰是意大利第一个走这条路的城市，有效记录在 2007 年《莲花国际》131 期"米兰流行"

（Milano Boom）专辑中。从所介绍的案例中可以看出，最方便的方法是为景观设计师的作品腾出场地，在公园边缘安排一系列高层建筑，委托给当下的"明星"。[76]

景观美化和正式发明是一场显而易见的游戏中的两张牌，在这场游戏中，最聪明的设计师很容易通过不太寻常的公式让自己脱颖而出，就像 S. 博埃里（Stefano Boeri）的"垂直森林"（Vertical Wood）那样。因此可以得出结论，在 20 世纪的最后几十年里，一种综合的尝试已经开始，涉及多个专业学科（地质学、地震和洪水风险、考古学以及城市和区域历史），它们曾经是设计的制约因素，或者部门的成

朴茨茅斯（英国），历史港口的修复（拉茨及合伙人事务所，2015）

塞甘岛，巴黎布洛涅—比扬古
(Boulogne-Billancourt)

(左侧自上而下)
——雷诺汽车工厂景观
——2009 年 J. 努维尔的总平面
——"临时而预期的"花园 (M. 德
维涅)

(右上) 2018 年的现状，"音乐之
城"和 Emerige 当代艺术基金会，
位于德维涅设计的花园两侧

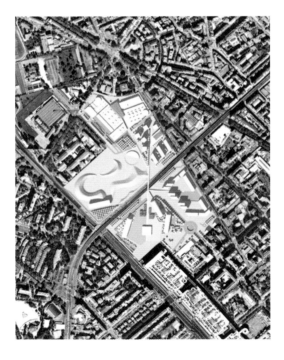

米兰新大门 (Nuovo Portello)

(右图) 总体规划 (Valle 工作室，
2002)，有一个购物中心和一个有
顶的步行区域

果，只要它们继续保持自主性。一旦纳入
规划，就像传统的调查（人口统计、流动
性、经济活动、社会历史）一样，将再次
引起人们对现有结构的关注，用新的干预
措施与环境之间可能建立的关系的质量来
衡量方案价值。

这是一个并非没有结果的步骤：几乎

可以与两次世界大战期间为解放土地所做的努力相媲美。然而，就规划和设计而言，它们是 20 世纪提出的问题的部分结果，而这些问题今天几乎都被掩盖了。一方面，环境危机突出了土地使用和地域管理的危险，使人们向以技术有效的方式应对气候变化和水文地质风险的学科转变。另一方面，经济危机、自由化和随之而来的对公共机构和集体利益的强大压力使规划设计黯然失色（公共计划的边缘化，建筑学丧失社会内容，服从于全球金融化进程）。

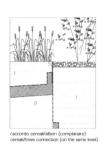

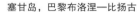

1. topsoil
2. canale di drenaggio/drainage channel
3. cereali/cereals
4. geotessile/geotextile
5. copriflio in alluminio/aluminum trim
6. pozzolana spessore 10 cm/10-cm-thick pozzolana
7. salix sp.
8. terreno esistente/existing ground

raccordo cereali/alberi (complanare)
cereals/trees connection (on the same level)

塞甘岛，巴黎布洛涅—比扬古

（左上、左下、右上）
——临时花园沿着拆除建筑的周边布置
——有花园和没有建筑时的状况
——花园中再自然化的土地的部分剖面

新的有顶广场，包含三座办公大楼
（Valle 工作室，2014）

注释

1　With no. 19 of June 1978 *Lotus International* took charge of publishing the 11 theses on "Cities in the City" elaborated during the Sommer Akademie in Berlin in 1977 by students of Cornell University led by a team of teachers headed by O.M. Ungers. Later (2013), the Lars Müller editions published a critical edition in volume, edited by Florian Hertweck and Sébastien Marot: *The cities in the city, Berlin a green archipelago*.

2　An interesting contribution to the definition of land in the present phase comes from some readings of Karl Marx work as in: Bellamy Foster, "Karl Marx et l'exploitation de la nature" *(Le Monde diplomatique*, juin 2018).

3　L. Benevolo, *La fine della città, Intervista con Francesco Erbani*, Laterza, 2011.

4　W. Tocci, "L'insostenibile ascesa della rendita urbana", *Democrazia e diritto*, no. 1/2009; J. Ryan-Collins, T. Lloyd, L. Macfarlane, *Rethinking the Economics of Land and Housing*, Zed Books, London 2017.

5　The new forms of rent do not replace everywhere the traditional ones, which are active above all, but not only, in those places where building growth continues, as in the Netherlands, or those (few) 'global' cities where the market requires new, central spaces for general managerial activities or special residences.

6　Pier Carlo Palermo has defined this phase of urban planning as «regulations without project», where the contents concern «the most traditional exercises of regulation» despite the communicative rhetoric tends to celebrate a wide range of objectives, aspirations, possibilities (P.C. Palermo, "Urbanistica del progetto urbano: ambiguità e ipocrisie", *Eco Web Town*, magazine online no. 15, vol. I/2017).

7　See: T. Aubrey, *Gathering the windfall. How changing the land law can unlock England's housing supply potential*, Centre for Progressive Policy, September 2018. This study is commented on *The Guardian*, 9.8.2020: "The Observer view on Tory fantasies about planning".

8　The privatization of public companies in Europe is at an advanced stage and with different characteristics between the countries. It is well known that Great Britain was the first nation to privatize its public companies extensively. Italy began in the 90s and today it has carried out one of the major privatization processes, progressively affecting, after the companies, also the public assets of buildings and land. This line of action is part of a practice of extensive land consumption as demonstrated by Salvatore Settis, *Paesaggio Costituzione Cemento. La battaglia per l'ambiente contro il degrado civile*, Giulio Einaudi Editore, Torino 2010.

9　Perhaps at the origins of this trend there is Centre Pompidou by Piano and Rogers which, as far back as 1977 had settled, with technological arrogance, in the centre of Paris, inaugurating at the same time a new building type, the Médiathèque, which has the task of monopolizing and spectacularizing artistic events, and a new way of conceiving public buildings as exceptional attractions, which should counteract urban decline. The undisputed and generalized success of this building type, which started in Europe with different formal outcomes (Nîmes, Bilbao, Porto) and has shifted the concept of museums from collections of works of art to 'total works of art', has since expanded, also outside Europe, to a large part of the buildings that represent institutions or celebrate a brand (European central bank, as well as the Cartier foundation).

10　The dispute between the City of Rotterdam and the central government over the financing of its renewal programme and the evolution of the projects for the western islands of the Ij in Amsterdam were emblematic of this passage.

11　In Naples, where also the new metro stations have taken part in the attempt to reform the circulation in an area of dramatic topography, inventing 'fantastic' spaces (Toledo) or interpreting extraordinary places (Municipio), the High-Speed station of Afragola is a case more than emblematic of architecture that ignores the ground: a useless bridge on the tracks in the middle of a deserted parking lot surrounded by a ring road. Given the typically 'Italian' traits that accompanied its construction – 2003-2017, three contractors, construction site blocked by the presence of a Mycenaean village underground, and final 'discovery" of 53 toxic waste dumps under the building – Jonathan Glancey's comment on *The Guardian*: «amazing station, spectacular snake-shaped bridge that expresses the dynamism of the Italian railways at 300 km/h and of their trains [...] powerful symbol of how, economically, southern Italy can start again», on Il Mattino 21.12.2017, is unintentionally sarcastic.

12　It could be said that the famous formula "Space, Time and Architecture" coined in 1938 by Sigfried Giedion to present the origins of modern tradition, a formula that Aldo van Eyck suggested, in 1959, relativizing and humanizing in "Place, Occasion and Architecture", has now turned into "Non-place, Event and Architecture", in the sense that architecture now sets up 'non-places' to celebrate events of worldwide resonance.

13　Michael Cadwell, practicing architect and professor at the Ohio State University School of Architecture, concludes with this hypothesis his stimulating analysis of the Jacobs house (1937), published on pages 48-91 of his book *Strange Details*, The Mit Press 2007. Almost 20 years later, in 1956, Wright will be able to build his 19-story Price tower in Bartlesville Oklahoma with a geometrically complex plan and a cantilevered structure instead of the typical framework. "A tree that escaped from the forest" according to the author's definition.

14　Owen Hatherley, *A Guide to the New Ruins of Great Britain*, Verso, London-New York, 2010, and *A New Kind of Bleak. Journeys Through Urban Britain*, Verso London, New York, 2012; from *A New Kind of Bleak*: «New Labour did'nt quite break with Thatcherism, but rather attempted to realize a version of the European social democratic city, fundamentally via Thacherite means». And the architects and town planners «...all seemed to want to create Barcelona or Berlin using the methods of Canary Wharf». But what followed is even worse: a Tory-Whig coalition proclaimed the end of the 'Urban Renaissance' (albeit with all the ambiguity that this formula contained), enhancing the production of new urban space in the cities center and the need for showy architecture, covered by rhetoric of austerity, with the goal to cut welfare.

15　O. Hatherley, "What could Foster bring to social housing today?", *Dezeen*, 19.7.2019.

16　See, for example, the cited study by L. Gelsomino and O. Marinoni;

the 2012 Venice architecture biennial "Common Ground"; *AR House+Social Housing*, The AR Issue 1463, July/August 2019; *Lotus* no. 140, "Sustainability?", 2009; *Lotus* no.167, "Entr'acte", 2018; the recent Mies van der Rohe Awards 2017-2019 dedicated to public architecture.

17 P. Donadieu, "Le paysage, les paysagistes et le developpemnt durable: quelle perspectives", *Économie Rurale*, no. 297-298, 2007.

18 As, for example, in the plans for Palermo and Catania by P.L. Cervellati; or in the plan for Turin by Gregotti; we can mention that Cervellati, from training as planner, author of famous Bologna historic centre's plan, later drew up, with G. Maffei Cardellini, some plans for large territorial parks as for the delta of river Po, and for the mouth of river Arno's territory, in whom he anticipated some topical issues of environment restoration.

19 See in his 1987 book these illustrations: "the agglomeration of the islands" (fig. 44), the "overlapping of the three levels" (fig. 80) and also "the traffic machine" (fig. 37).

20 See the 7th thesis of the document Le città nella città, Berlino, Sommer Akademie 1977.

21 See: *The Landscape Urbanism Reader*, ed. Charles Waldheim, New York, Princeton Architectural Press, June 2006 particularly the essays by J. Corner and C. Waldheim.

22 The "territorialist project" originated in Italy in the activity of researchers of political student groups of faculties of architecture in the 70s on the issues of productive restructuring and the city-factory. Later it adhered to ecological and environmental movement and to theories of alternative development to the industrialist model and found a definitive theoretical arrangement in the 90s. The representative text of this 'seminal' phase is *Il territorio dell'abitare*, edited by A. Magnaghi, 1990, followed by numerous other essays including: A. Magnaghi, *Il progetto locale*, Bollati and Boringhieri 2000; A. Magnaghi (editor), *Representing places. Methods and techniques*, Alinea, Florence 2001; and, always edited by A. Magnaghi, *La regola e il progetto. Un approccio bioregionalista alla pianificazione territoriale*, Firenze University Press 2014. A. Magnaghi is recognized as the main inspirer and organizer of the school. A summary of the evolution and theories of the school is in *Il progetto territorialista*, monographic issue by D. Poli, editor, of the magazine *Contesti. Città, territori, progetti*, no. 2, 2010. The research and academic history is documented on the Sdt site. See also on Wikipedia: Territorialist School.

23 «The territory and the material and immaterial goods that make it up [...] is the result of long-lasting co-evolutionary processes between anthropic civilization and the environment, it is an immense stratified deposit of material and cognitive sediments [...] a work [...] objectified in cultural landscapes and knowledge».

24 A. Magnaghi ed., *La pianificazione paesaggistica in Italia*, Firenze University Press 2016; A. Marson ed., *La struttura del paesaggio. Una sperimentazione multidisciplinare per il piano della Toscana*, Laterza Bari 2016; important precedents of these plans are the researches by G.F. Di Pietro, such as G.F. Di Pietro, **T. Gobbò**, **"Il paesaggio come fondamento del PPCP di Siena", *Urbanistica Quaderni***, n 36, 2002. In the wake of this approach, in Tuscany was approved the urban planning law no. 65, judged among the

most advanced in Italy as regards the measures to prevent soil consumption, but made more permissive two years later.

25 A. Magnaghi, *Le ragioni di una sfida*, see above.

26 «Porous as this stone is architecture. Structure and life continually interfere in courtyards, arches and stairs. Everywhere the living space is preserved capable of hosting new, unexpected constellations. The definitive, the characterized are rejected» Walter Benjamin, *Immagini di Città*, Einaudi 2007.

27 Claudio Velardi, editor, *La città porosa, conversazioni su Napoli*, Napoli 1992.

28 At the initiative of Nicolas Sarkozy and under the slogan "let us dream" 10 architectural firms were invited to submit proposals for 2030. See Marion Bertone, Michèle Leloup, *Le grand Paris: les coulisses de la consultation*, Archibooks, 2009.

29 In the graphic representations of the Secchi-Viganò studio works the attention appears to shift from the attempt to prescribe the land design with specific black and white normative drawings (Bergamo plan), to the use, even showy, of the digital colour graphic to bring out the original points of the proposal (Grand Paris) up to the presentation, in Antwerp, of an abstract overall design, which superimposes on a generic geographical background the color zoning which identifies «the strategic spaces and the corresponding strategies [...] strategies [which] materialize through strategic programs, strategic projects and generic policies». The variety of graphic presentations corresponds to the multiplicity of meanings. In this respect, the comparison with the unchanged continuity of the structure drawings, derived from the classic cartography, in the plans of Gregotti studio, identical from the 80s, up to the digital handwriting used in the works in China, is illuminating.

30 Secchi-Viganò studio published in 2011 the book *La ville poreuse - Un projet pour le Grand Paris et la métropole de l'après-Kyoto*, Metis Presses, Geneva.

31 R. Sennett, *Building and dwelling*, 2018; see also for a summary R. Sennett, "The world wants more porous cities: why don't we build them?", *The Guardian*, 27.11.2015.

32 A successful example of a self-produced and integrated urban environment is, according to Sennet, Nehru Place Market in New Delhi, one of the least violent places in the city, where Hindus and Muslims work side by side, unlike Molenbeek in Brussels, the cradle of terrorism produced by global segregation. From here comes the appreciation of the unfinished projects, where the inhabitants can complete the house with self-construction over time (as in the well-known work of Aravena in Iquique, Chile). Also the 'collage'is appreciated (with the quote from Collage City) which, more than the informal city, refers to an 'open' and 'light' design process that does not consider the urban morphology as an element capable of contributing to the quality of life.

33 An exemple is the interdisciplinary book *Pororus city. From metaphor to urban agenda* (S. Wolfrum ed., Birkhäuser, 2018) that, noting the 'enigmatic' character of the term, tries to clarify its relationships with urban spaces and structures.

34 See *No sprawl*, M.C. Gibelli, E. Salzano, eds, A-Linea, Firenze 2009; C. Pileri, *Cosa c'è sotto. Il suolo, i suoi segreti, le ragioni*

205

per difenderlo, Altraeconomia, Milano 2015; P. Bonora, *Fermiamo il consumo di suolo*, Il Mulino, 2015.

35   See bibliography of the European Commission.

36   It is probably enough to remind the researches carried on in universities and local government bodies with EU funding, as Ispra, Centro Euro-mediterraneo sui Cambiamenti Climatici; and the contributions of Legambiente and Inu. There was no lack of institutional initiatives such as: Strategia Nazionale di Adattamento ai Cambiamenti Climatici 2016, that locates the impacts of climatic change on economic sectors and proposes measures of adaptation; Piano Nazionale di Adattamento ai Cambiamenti Climatici 2017, that should have been approved in the conference State-Regions as an address document for regionals and local plans and should have defined a set of 'actions' for homogeneous interregional climatic areas: but was not implemented; The 'Unità di Missione' Italia Sicura that promoted a financing policy without overcoming the aforementioned cultural limits. Some regions defined their own strategy, though, in general, regions tend to develop their own specific projects to use European funding. More interesting are the experiences of the aforementioned Piani Regionali Paesaggistici of Puglia e Toscana, that followed the line of establishing an operational protection of landscapes analogous to that adopted for historical centres.

37   G. Santilli, "Competenze chiare e un fondo unico", *Il Sole 24 Ore*, 18.11.2014.

38   P.L. Cervellati, G. Maffei Cardellini, *Il parco di Migliarino, San Rossore, Massaciuccoli*, Marsilio, Venezia 1988.

39   After the collapse of the Genoese viaduct on the Polcevera, Salvatore Settis again relaunched the proposal to overcome the episodic character of reconstruction actions with a prevention strategy on a national scale of which he had already outlined the contents as the only really necessary 'great work'; see S. Settis, "Let's learn from Genoa to safeguard Italy", *Il Fatto Quotidiano*, 25.8.2018 and *La Repubblica* 20.9.2013. In truth the "Contract for the government of change", signed between the 5S Movement and the League in 2017, provided (par. 4) for «a series of interventions widespread in a preventive way of ordinary and extraordinary maintenance of the land, also as a driving force for virtuous spending and job creation, starting from the earthquake zones ...» and actions to defend against climate change and hydrogeological risk. But the national government fell in the summer 2019 and almost nothing was implemented.

40   P. Mezzi, "Climate change. Come si attrezzano gli Stati Uniti", *Il Giornale dell'Architettura*, Newsletter 124, 125; R. Pavia, "Suolo e progetto urbano: una nuova prospettiva", *EWT - Eco Web Town*, no. 15, Vol.1/2017.

41   See the numerous specialized websites (like climatecentral) or the dedicate by the main daily newspapers like the magazine of the *New York Times*.

42   After the hurricane a program was launched of green infrastructures, parks, nature reserves, protected areas and the biggest storm surge barrier in the country (Great Wall of New Orleans); an example of this policy (highly discussed and not always effective) is the Greater New Orleans (GNO) Urban Water Plan drawn up by Waggoner and Ball studio with great attention to landscape with Dutch consultants. See *Greater New Orleans (GNO), Urban Water Plan. Implementation*, Waggonner & Ball Architects, September 2013 and *Greater New Orleans (GNO) Urban Water Plan. Urban Design*, Waggonner & Ball Architects, September 2013.

43   Rebuild by design is an organization created by the Rockefeller Foundation to cooperate with local and federal institutions, universities, research institutes, local subjects and to produce projects by competition, six of which are financed. Among these projects BIGU of the Danish studio BIG proposes to protect Manhattan with a dam made up of public spaces; according to R. Sennett the safety is not guaranteed, as it can be overwhelmed sooner or later by a storm; for another area "Living Breakwater" proposes ecological solutions at a territorial scale to protect fishing in addition to leisure activities. See Richard Sennett, *Costruire e abitare*, Feltrinelli 2018, p. 299-300; as Living Breakwater see: *Scape/Landscape architecture PLLC, The Shallows. Bay Landscapes as ecological infrastructures*, undated. A frank and acute analysis of projects such as BIG U, mainly interested in 'beautiful design' but destined instead to end up as defensive walls is in: Bill Fleming "Design and the Gren New Deal", *Places Journal*, April 2019.

44   N. Klein, *The Schock Doctrine*, 2007; the issue of exploiting the environmental emergency to make profits through the development of the military apparatus was deepened in the anthology curated by Ben Hayes, Nick Buxton, *The Secure and the Dispossessed: How the military and corporations are shaping a climate-change world*, Pluto Press, London 2016. Klein recently returned to the theme to underline the underestimation of the effects of climate change with *On fire: The Burning Case for a Green New Deal Here*, Allen Lane, 2019.

45   This interpretation is still current, given the decisions of many neo-liberal governments and in particular the Trump administration: see the decision to withdraw the United States from the Paris Agreement on the Environment, and all other choices in favour of the oil industry, of violent extraction of resources from the earth, with consequent soil's destruction.

46   L. Friedman, B. Plumer, H. Fountain, "When did talking about climate become political?", *The New York Times*, 18.07.2018.

47   Seventeen governors, 125 cities, with companies, universities and intellectuals have confirmed in a manifesto their adherence to the goals of Paris. See: O. Milman et alii, "The fight against climate change: four cities leading the way in the Trump era", *The Guardian*, 12.6.2017.

48   L. Dai, H.F.M.W van Rujswick, P.P.J. Driessen, A. M. Keesen, "Governance of the Sponge City Programme in China with Wuhan as a case study", *International Journal of Water Resources Development*, 13.9.2017; Xiaoning Li et al., *Case Studies of Sponge City Program in China*, Research Gate, Conference Paper May 2016; see also: "Soak it up: China's ambitious plan to solve urban flooding with 'sponge cities'", *The Guardian International Edition*, 3.10.2016.

49   B. Delaney, "Turning cities into sponges: how Chinese ancient wisdom is taking on climate change", *The Guardian International Edition*, 21.3.2018 (interview to the landscape architect Kongjian Wu); see also: *The Kenneth Frampton Endowed Lecture: Kongjian Wu*, https://youtube kenneth frampton ob konjian yu.

50   E. De Amicis, *Olanda*, G. Barbera, Firenze 1876.

51   Peter Hall, *Le città mondiali*, Milano 1966.

52 Tracy Metz, Maartje van den Heuvel, Sweet and Salt. Water and the Dutch, see above, published at the same time of the exhibition held at the Rotterdam Kunsthal in 2012.

53 See "Rijkere Dijken" (complex dams) on page 18 of Lotus no.155, part of an article on Holland that begins at page 8. See also the Dutch Dykes Manual, 2015, which illustrates the work of reorganizing the current dam system; in particular the arrangement of Masvlakte 2 for the protection of Rotterdam's port is commented in the magazine Topos no. 92, 2015.

54 Man-made Lowlands. A future for ancient dykes in the Netherlands, Culturale Heritage Agency, 2012.

55 Even an innovative city like Rotterdam however is not exempt from rearguard choices. The resilience of the city is called into question by the renunciation of reducing carbon emissions, due to two plants in the port, authorized in 2008; while in 2014 the new centre-right city government completely abandoned the goal of the plan to halve emissions by 2025. See J.J. Berger, Next City, 9.10.2017.

56 Casper van den Hoeven & Jos Louwe, Amsterdam als stedelijk bouwwerk, SUN, 1985.

57 Raumplan versus Plan Libre, Adolf Loos and Le Corbusier, 1919 – 1930, editor Max Risselada, first edition Rizzoli New York 1989, second 010 Rotterdam 2008.

58 Doel en vermaak in het konstruktivisme. 8 projekten voor woning- en stedebouw. OSA - Sovjet Unie 1926-1930, Nijmegen 1979.

59 See Piet Kalsbeek, "Recenti tendenze nell'architettura del paesaggio olandese", in Laboratorio Prato. PRG, Firenze 1996, p. 248.

60 Reported in Italy by the article: "Un caso nordico di urbanità", Urbanistica, no. 93, 1988.

61 Frits Palmboom, Inspiration and Process in Architecture, Moleskine 2014.

62 The sustainable solutions that characterize these experiences – such as rainwater recycling, solar and photovoltaic panels, waste recycling, public transport without harmful emissions, soft and alternative mobility, non-polluting air conditioning systems, such as district heating/cooling – are for the first time applied to the scale of the district and are combined with social housing, green spaces and services.

63 R. Krier, Urban Space, first ed 1975; L. Krier, The architecture of Community, 2009.

64 "Piazze per tutti. Una polemica di Benevolo", Casabella, no. 533 (March 1987), p. 29.

65 Unfortunately, the current emphasis on green space in Paris has fallen in excesses of greenwashing, as we can see in the projects for the Olympic Games in 2024 or "Paris smart city 2050" (in the website Mairie de Paris/Plan climate energie/Paris 2050), where the historic efforts to plan the relationship between city and green spaces are distorted in unexpected ways.

66 We can also remind the ongoing project for the suburban quarter Mérignac Soleil designed by OMA in 2017 to convert a commercial settlement with large sheds, parking and through roads, into a mixed use housing quarter; studying special building types (high density blocks with residential towers on top of commercial plinths, surrounded by green areas and gentle paths, according to a composition already tested by OMA). Waiting for its completion we can say that the conversion of specialized low buildings is here faced increasing the residential density and trying to establish a new relation with the ground. See: "Nouveau quartier Marne-Soleil: une consultation innovante", on the website of Mérignac.

67 After a catastrophic flood of the river Elbe, in 1962, effective prevention measures were implemented and were significantly reduced the damages of four later floods, when water reached comparable levels. Insurance companies calculated that those prevention measures (estimated cost 2,2 billions Euros) allowed to save 15 billions Euros. Hafen City is a very well documented project. In 2000 a Master Plan by Kees Christiansee-ASTOC was approved (updated in 2006). The public space project was given in 2002 to Miralles Tagliabue office, EBT. The whole operation was carried on under supervision of the local administration and its offices. See: "Buone pratiche di progettazione urbana in Europa", Dossier, December 2015, by M. Gallione, F. Favaron; B. Tagliabue, "Public Spaces Hafencity", Area, 12.9.2014; Assinews (online journal) 02.16.2012.

68 In the revival of this notion we can recognize the resurgence of past forms of relationship between the city and its environment dating back to the Middle Ages, as writes R. Ingersoll in Lotus, no. 149/2012, but continue in various experiences in some types of founded cities up the the garden cities and Broadacre City by F.L. Wright.

69 It is up to Philipp Osvalt, coordinator of the international research on shrinking cities (2005) and author of the homonymous two-volume publication of 2006, exposed during the 10th Architecture Biennale, Venice, the merit of having framed this problem for the first time as a character of the post-industrial city.

70 Franziska Trapp, "Greening as a new Planning Strategy for Shrinking Cities? The example of Detroit, Michigan, PlanIt!, vol 1/2013.

71 The extensive population reduction affecting some European regions also affects scattered urban areas so that we can speak of "shrinkage sprawl" in addiction to the declining cities; together the process of demographic and urban land reduction leads to fragmented and dispersed urban forms that force to rethink the relationship between central and peripheral areas, density and land take. See S. Siedentop, S. Fina, "Urban Sprawl beyond Growth: the Effect of demographic Change on Infrastructure Costs", Metropolis, no. 1/2010.

72 R. Ingersoll, Città commestibili. Le nuove forme del verde urbano, Archi 2/2013. Ingersoll cites as example of urban agriculture with aesthetic value the project by T. Sorensen for circular gardens in Naerum, Denmark, 1948.

73 Pascale Scheromm, Coline Perrin, Christophe Soulard, "Cultiver en ville...Cultiver la ville? L'agricolture urbaine à Montpellier", Espaces et sociétés, no. 158/2014, p. 63.

74 P. Scheromm, C. Perrin, Ch. Soulard, "Cultiver en ville...Cultiver la ville?", see above.

75 R. Pavia, Suolo e progetto urbano: una nuova prospettiva, see above.

76 This formula is still in use: a relevant example is Seimilano, a project underway for the construction of a so-called "garden city" (a term used improperly to indicate two bands of skyscrapers overlooking a park designed by the landscape architect Desvigne).

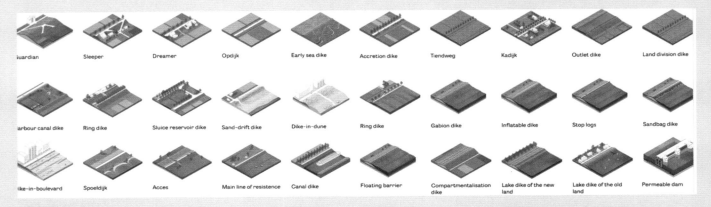

荷兰水坝的类型学

专题 1　城市海岸线、大坝的保护及谢夫宁根的案例

　　近几十年来，全球沿海城市和三角洲低平原的高密度人口受到气候变化的影响，环境风险急剧增加（海平面上升、气温升高和洪水事件加剧）。洪水促使许多国家和城市启动了防御举措，在最好的情况下，这些举措还与其他政策相关联，旨在减少土地占用和能源消耗，增加集体流动性（相对于个人流动性），恢复衰退地区，增加公共和绿色空间，以提高城市生活的整体质量和城市的韧性。

　　由于城市空间系统的"联合"特征，城市的滨水区和滨海表面的修复，已成为应对气候风险政策的代表性案例。在海岸线上，城市公共空间汇聚在一起，通过地面设计重新建立了城市与海洋之间的联系。防御措施通过抬高或建造水坝来重塑漫步的场地，新的人造物的断面分为路径、观景点和新公共空间。

　　在欧洲，荷兰是对这一主题感受最明显的国家，这要归功于人们与水的传统关系，几十年来一直影响着公共规划。水坝已经成为一个城市主题，它产生了

谢夫宁根 De Pier 码头的长堤（1959~1961，后来进行了更新）

谢夫宁根新漫步道（M. 索拉·莫拉雷斯，2010）

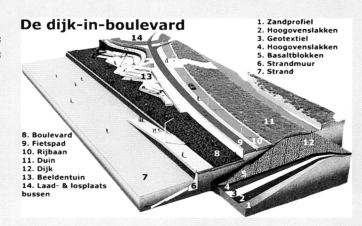

De dijk-in-boulevard

1. Zandprofiel
2. Hoogovenslakken
3. Geotextiel
4. Hoogovenslakken
5. Basaltblokken
6. Strandmuur
7. Strand
8. Boulevard
9. Fietspad
10. Rijbaan
11. Duin
12. Dijk
13. Beeldentuin
14. Laad- & losplaats bussen

实验性项目和多功能模式，将防水的技术措施与融入景观的公共空间系统结合起来（见 Dutch Dikes, Lola architects ed., Nai Publishers, 2014）。

多功能水坝的一个例子是荷兰最著名的海滨度假胜地谢夫宁根（Scheveningen）的海滨漫步道，这是荷兰最近的防范政策的一个例证，让人工沙丘看起来不那么"坚硬"。这里的旅游聚落围绕着古老的渔村和港口发展起来。海滨漫步道是一个典型的 19 世纪的作品，拥有一些代表性的建筑，包括库尔豪斯酒店 / 水疗中心（Kurhaus，1818），前面是"码头"（De Pier），400m 长，伸入大海。它由一系列水上亭子组成，建于

1959 ~ 1961 年间，但后来进行了大规模改造，如今用于商店和服务设施。

这座城市通过改变沙丘的自然系统而发展起来，因此面临风暴潮的风险不断增加，风暴潮是整个沿海地带的一个薄弱环节，是一个潜在的可淹没地区。南荷兰省和该市已启动了一项加强海岸防御的空间计划，在城区中采取了一种复杂的形式，重塑海滨。西班牙建筑师 M. 索拉—莫拉雷斯在 2006 年设计了一条新的漫步道，于 2012 年建成，全长 2km（从港口到库尔豪斯以西 300m）。一条优雅蜿蜒的林荫大道，比原来的高出几米，分为三个台地，确保了风暴潮的安全，同

不来梅港（德国），2001～2013 年，P. 拉茨

废弃港区修复后的公共空间：威利布兰特（Willy Brandt）广场；日光浴区；洛克花园。新的公共空间通过被视为连续的天然石材地毯的地面将滨水区与城市连接起来

时创造了一个新的城市公共场所：一种可以欣赏大海奇观的大剧场。

在将气候变化问题作为国家优先事项的北欧国家中，英国发挥了先锋作用，著名的泰晤士河水闸修建于 1974~1984 年间，旨在保护伦敦免受涨潮影响，成为河流景观的标志，最近又因泰晤士河水闸公园等公共空间而变得更加丰富。后来，《泰晤士河口 2100》（Thames Estuary 2100）项目对其进行了扩建，以保护泰晤士河周围暴露于涨潮水位中的一条狭长地带：从河口到伦敦西部的特丁顿（Teddington）。该规划于 2010 年获批，但不包括具体的行动，仅包括战略性的指引和重大的城市转型。

在沿海地区，通过《海防战略规划》（Coastal Defense Strategy Plan）实施多样化的政策，有时工程计划会延续到未来 100 年。具有保护功能和减弱风暴潮强度的海滩滋养和扩展是最普遍的策略。在西海岸的布莱克浦（Blackpool）周围，一座大型钢筋混凝土大坝（Cleveleys）于 2010 年竣工，将保护目标与创造一个极具吸引力的新公共空间结合起来。这是对建造新（硬）人工沙丘策略的广泛信任的一个例子，这种策略在可用空间有限的城市地区找到了合理性（例如在文中提到的纽约的一些项目中）。

柏林"浴场转移"（Badenshift）：一个在废弃地区建造的城市沙滩的例子

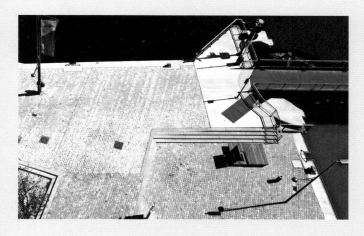

不来梅港（德国）
锁花园（2001～2013，P. 拉茨）

　　滨水地区更新的其他特殊形式是城市中的"海滨漫步道"和"城市沙滩"，这些城市即使不面向大海，但仍一个有滨水区（河流或湖泊）。城市沙滩在世界各地经历了惊人的扩散和转变：它们从城市和水域之间庆典式的空间，到现在成为多功能的区域，经过重新设计以保护城市和地区免受洪水侵害。沿着湖泊或河流空间的再利用形成公园和花园并不新鲜，用作沙滩浴场也属常见，但将海洋环境转移到城市中心的想法是大城市旅游发展对空间使用的最新结果。从 2000 年的"巴黎沙滩"（Paris Plage）开始，当棕榈树和沙子被运到塞纳河畔时，开创了公共土地大规模临时使用的新局面，在意想不到的公众参与下，城市沙滩几乎无处不在，甚至在那些不适合此类设施的地方，也创造出了自命不凡、重复且与城市隔绝的场所。然而，许多案例因其建设新城市公共空间的能力而脱颖而出，例如在哥本哈根、柏林或不来梅港，而在其他地方，由于其规模和特点，也在应对气候变化方面发挥了积极作用，如在马德里河岸公园（Madrid Rio）。

马德里河岸公园：West8/MRIO 建筑师事务所，马德里，2007/2011 年

将原先占据此地的道路埋在地下后，马德里的曼萨纳雷斯河岸已经变成了一个拥有城市沙滩的大型绿地。虽难免形式主义之嫌，但这一公共空间为城市提供对抗夏季热浪的工具，早于 2014 年批准的气候适应性规划

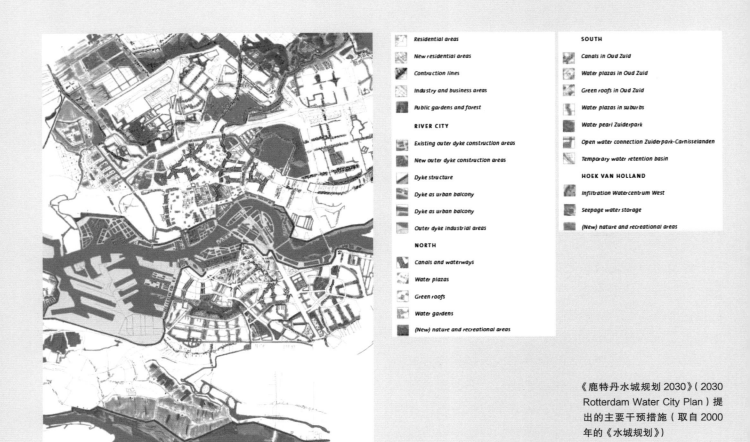

Residential areas	SOUTH
New residential areas	Canals in Oud Zuid
Contruction lines	Water plazas in Oud Zuid
Industry and business areas	Green roofs in Oud Zuid
Public gardens and forest	Water plazas in suburbs
RIVER CITY	Water pearl Zuiderpark
Existing outer dyke construction areas	Open water connection Zuiderpark-Carnisselanden
New outer dyke construction areas	Temporary water retention basin
Dyke structure	**HOEK VAN HOLLAND**
Dyke as urban balcony	Infiltration Watercentrum West
Dyke as urban balcony	Seepage water storage
Outer dyke industrial areas	(New) nature and recreational areas
NORTH	
Canals and waterways	
Water plazas	
Green roofs	
Water gardens	
(New) nature and recreational areas	

《鹿特丹水城规划 2030》（2030 Rotterdam Water City Plan）提出的主要干预措施（取自 2000 年的《水城规划》）

专题 2　规划与设计：鹿特丹模式

　　作为保护城市免受气候变化影响的先驱规划之一，《鹿特丹水利规划》（Rotterdam Water Plan）之所以脱颖而出，是因为它试图将保护战略与"海绵城市"的愿景相结合。

　　与威尼斯的经验相比——这是一个特殊的案例，可以调节泻湖与历史城市之间的关系，鹿特丹的模式具有现代城市的特征，在各种干预规模的连贯规划背景下构建，如今世界上几乎所有面临洪水风险的城市都受到了这种干预的启发。

　　最早的规划文件可以追溯到 2000 年初（《鹿特丹水利规划 2000 ~ 2005》）。他们的保护目标与空间规划的目标相关联，以至于风险防范问题引发了城市规划很多新的方面，并赋予规划过程本身新的重要性，以《鹿特丹战略城市愿景》（Rotterdam Strategic City Vision）及其《空间规划战略 2030》（Space Planning Strategy 2030）为代表，是指导各项城市政策的总体框架。

　　2007 年，通过了第二个水务规划，它丰富了前一个规划，除了防洪和技术基础设施升级（污水系统、运河中清洁水的可用性）等功能目标外，还明确提出了因水的存在而使城市更有魅力的目标。后一个目标启发了 2035 年的城市愿景中描绘的新城市景观。规划区分了两类应对气候变化的措施：一是防洪，包括

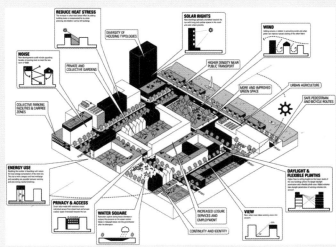

（左图）2025 年的"海绵城市"景观
（右图）《气候适应性规划》所模拟的 2040 年中心地区规划干预措施框架

水坝、水闸和其他物理防御结构；二是"抵抗工程"，包括设计和建造新的防水城区的方式。特别需要注意的是在大坝以外风险最大的新的城市化。

该规划更多的是针对不同城市肌理的一系列独特行动，而不是约束和规则的框架。最安全的区域建在水坝内，比如 19 世纪和 20 世纪初的住宅区，通过增加绿化表面和重新设计道路来收集大雨的雨水，并逐渐将其释放到地下，使其更具渗透性。在第二次世界

大战后的扩建中，通过连接单一的公共空间和绿地，突显了当时指导其概念的自然特征。河口的新港区是无人居住的人工岛，已被自然化并改造为住宅和办公室。内城的总体密度增加了，甚至 19 世纪和 20 世纪建筑最密集的部分也变得更加宜人，这要归功于作为城市形态要素的新的水体和绿色空间的存在。

《鹿特丹气候变化适应性规划》（Climate Change Adaptation Plan）的例子，即使是极端和特殊的，因为

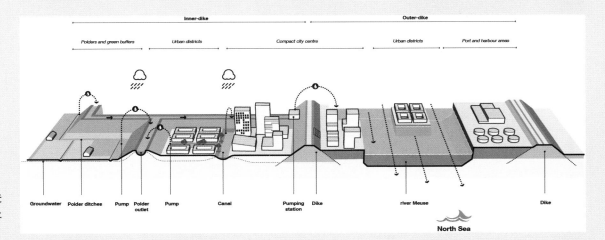

马斯（Maas）河附近的城市剖面，包含土壤改造和防洪工程

达格公园（Dag Park），2013 年：一个大型停车场，在洪水发生时可用作蓄水池，屋顶设计为公共公园

它旨在应对预期的海平面上升，但也很好地代表了新的规划范式，通过将韧性和城市再生相结合，改变了地面，将空间与公共和私人工程整合到一个单一的网络中，创造了一种新的城市景观。

这些行动的结果是混合和多功能的特殊公共空间。这些公共空间存在于城市中，但几乎被功能性规划所遗忘：广场可以被淹没，以收集密集暴雨带来的多余的水，并成为临时的城市泳池；岸边和运河沿线的人行道和自行车道；可淹没的公园及花园用作蓄水池；建筑屋顶上的公共花园。有趣的试点经验也用于新的住宅（参见漂浮之家）和新的基础设施，如带地下蓄水池的污水处理系统，或高速公路交叉口下方的空间用于蓄水。

规划尤其关注干预措施的资金和所需的资源支持问题。通过评估预防洪水造成的经济和人员损失所带来的节约，以积极主动的方案取代由规范和约束构成的传统规划。因此，费用需要各政府机构、地方当局、

Spangen 社区的水景广场，作为洪水的临时储水库

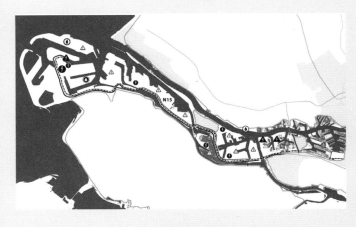

2100 年面临洪水风险时的关键基础设施（左图）及其模拟（右图）

企业和个人之间的合作来承担，并鼓励居民的参与。在卡特里娜洪水之后，这种方法被《新奥尔良水利规划》（Water Plan of New Orleans）作为例子扩展到区域的范围。

　　监测表明，虽然晚于预期，但以河流为中心、打造更具吸引力、更安全的城市的目标正在基本实现。[1] 总的来说，对水的关注和土地的日益稀缺，促使河流及其邻近地区转变为一种中央自然地区，一个大型的区域公园。在荷兰，因为河流潮汐的存在，以及靠近大城市自然环境的丰富性和多样性，这是独一无二的。同样有趣的是，水上公共交通系统（水上出租车、水上巴士）的广泛使用将住宅区与周围景观连接起来。

　　随后的规划文件（即 2013 年的《鹿特丹适应性战略》、2014 年的《韧性计划》和 2015 年的《水敏感性计划》）引入了城市韧性的概念，进一步强化了将水愿景作为规划关键视点的方法。

注释

1 Nico Tillie, "Redesigning urban water system and exploring synergies. Lessons from urban planning perspectives on the Rotterdam Water City 2035 vision and follow-ups 2005-2016", *Eco Web Town*, n. 16, vol. II/2017.

Benthemplein：一个水上广场的例子，根据市政府办公室、当地学校教师和学生合作的项目，于 2011 年建成

结　论

Resilient cities

What would an entirely flood-proof city look like?

The wetter the better. From sponge cities in China to 'berms with benefits' in New Jersey and floating container classrooms in the slums of Dhaka, we look at a range of projects that treat storm water as a resource rather than a hazard

by Sophie Knight

地面设计参考

在长达一个世纪的旅程行结束之时，我们今天如何判断从田园城市和现代主义运动中传承下来的土地概念，这些概念在我们的设计文化中保持了巨大的连续性，尽管最初的概念遭受了扭曲。鉴于最近的转变带来的困难，如何重新设定它[1]，以使人类活动稳定和安全？在世界各地出现众多新的项目"痕迹"又开辟了哪些有用的研究方向？

通过田园城市理念的演化，我们有可能在随后的蜕变中构建土地的概念。"田园城市"和"现代城市"，这两个在 20 世纪应用的公式，使城市土地普遍可用，并赋予它一个新的形象，如今由一个总体的愿景来解决和统一，这个愿景远远超出对 19 世纪末标志着现代城市规划起源的欧洲工业城市的批评。

我们当前的土地概念必须保持其在最初的田园城市方案中所包含的具体目标：用统一的设计将乡村融入城市空间，保留两者独特的环境特征。尽管或可能是因为广泛的城市化进程，这些目标今天仍然存在。

面对环境的衰退，在 21 世纪，绿色空间的保护—修复—强化工作越来越受人们的关注。人们也认为它们独立于单一城市的城市政策，从某种意义上说，它们的构想、实施和宣传具有相对的自主性，有利于国际性的、脱离文脉的比较；很长一

雷姆·库哈斯，《疯癫的纽约》（*Delirious New York*, Oxford University Press, New York, 1978）

（前页）S. Knight，一个完全杜绝洪泛的城市是什么样子？（What would an entirely flood proof city look like？）
该图是 MIT Cau+Zus+Urbanisten 团队在新泽西州 Meadowlands 地区设计重建比赛中提交的参赛作品，2014 年

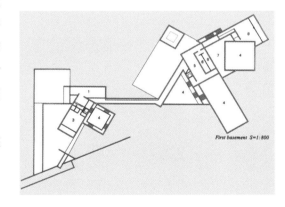

地中美术馆，香川县直岛町，安藤忠雄，2000-2004 年

（左图）平面图
（下图）鸟瞰

（上图）大栅栏是北京的一个历史悠久的商业区，在这里，21 世纪初在此诞生了研究和修复传统建筑的倡议

Cronache cinesi. È l'ora della conservazione critica

2019 年 2 月 13 日，《建筑学杂志》（*Giornale dell'Architettura*）的标题（《中国编年史，是时候进行关键保护了》，M.P. Repellino），用胡同记录了人们对城市肌理的新态度

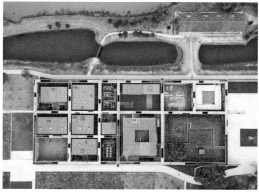

墙垣：青普扬州瘦西湖文化行馆（如恩设计，2017）

段时间以来，这种情况一直发生在建筑作品上。虽然人们对这些干预措施在总体规划中可能发挥的作用的期望越来越高——人们把为未来大都市的面貌托付给 B. 塞奇的巴黎规划方案——但拥有理论基础几乎是不可或缺的，因为人们不认为如此重要的变化只能在风景园林师的方案中发生，即使是有价值的项目。除其他外，这些方案有时是专业部门承诺的结果，似乎与高密度的房地产投资共存也没有什么问题。如果我们寻求建议，至少可以由两个方面的参考：

一方面，我们已经提到的来自 20 世纪改革派经验的某些理念，再一次成为我们的主题目标。这些理念不仅与新城镇的周期和土地使用控制政策的重启有关，而且与现代城市广阔、包容和连续的公共空间的当代多重作用有关。

另一方面，我们可以转向那些通过对自然动力进行大规模、精细化和长期的改造而创造出农业和城市土地的地方。这是一个影响了欧洲各个历史地区的过程，产生了令人钦佩的例子：城市与水共生——威尼斯只是其中最著名的一个——但荷兰的特殊之处在于并没有终止现代性。事实上，在 20 世纪，它继续以连续和同质的方式其对土地进行人工化，让国家成为现代性的象征之地。在此意义上，我们在最后一章中介绍了 F. 帕尔姆布的工作，以及国际上对鹿特丹这样城市的认可，鹿特丹发展出一种受全世界赞赏的环境保护规

蒙特马蒂尼博物馆（Museo Montemartini），罗马，1997～2000年

将卡比托利欧博物馆的部分藏品转移到废弃的蒙特马提尼热电厂，是自 1990 年代 IBA 鲁尔修复后欧洲广泛采用的文化再利用（艺术工厂）措施的一部分

划文化模式：也许是不完整但令人信服的回应。帕尔姆布的工作并没有使城市再自然化，而是伴随着常规的规划过程，他在鹿特丹的研究中形成了这样的信念，即对自然动力学的控制与城市肌理的建设一样，都属于城市的历史。

其他相关线索来自探索修复新形式的实践：从危机刺激（并在大流行病中重新启动）的所谓"节俭"复兴，如"收缩城市"，到许多具有社会效益的小规模实验性举措，如公共住宅，通常与参与和自主建造的过程有关。所有这些线索都要求我们把气候变化问题重新纳入城市规划领域，而气候变化问题现在已经以部门的方式得到了解决。研究和应用一劳永逸的措施来保护处于危险中的城市区域是毫无意义的，而与此同时，提供非常高密度的总体规划也在实施。这种类型的例子，如"洗绿"，或者那些忽视了城市问题，仅仅局限于几个精确建筑指标的案例，比那些正确解决

（左图）安特卫普斯铁北公园（Spoornoord Park, B. 塞奇－P. 维迦诺，2003～2009）

（下图）南普拉德（Zuidplaspolder）地区总体规划（F. 帕尔姆布，2003）

问题的案例要多得多，在亚洲、欧洲和美国均如此。

在欧洲，这种情况相对可控，因为城市化已经停止，环境保护的文化可以迅速融入修复的文化。但不同的是，一些国家的快速增长导致了从后殖民城市直接过渡到当代大都市，其中 20 世纪欧洲改革派的土地和土地概念从未被应用，甚至可能还不为人知。在这种情况下，许多强调高层建筑相关问题的研究之间的鸿沟似乎无法弥合，例如高层建筑成为垂直贫民窟的风险及其繁殖的速度。无论如何，密度是首先要澄清的主题之一，因为至少在建筑领域，我们已经到了重新评估拥挤和拥堵的地步，考虑到它们的城市品质。

如今的城市拥堵意味着高层建筑。摩天大楼与经济发展、大都市社会化和城市效应有关，但它所预设的社会组织、建筑和城市形态并不是到处都能接受的。因此，我们今天可以考虑提出雷蒙德·昂温反对他那个时代的建筑法规的论点，来讨论目前对高层建筑不加区别的使用。这项任务应该不会太难：不仅是因为它们在欧洲城市中心呈现出的平庸的奇观（除了那些体面的，它们每次都竞相超越限高），而且尤其是它们被用来塑造遥远的新大都市的普通城市肌理的方式。就像城市社会学家和卫生工程师在 20 世纪初谴责柏林出租的兵营一样，我们或许应该开始批评当代的垂直贫民窟。

当城市规划的优先权得到认可并付诸实践时，就像欧洲国家最早开始尝试改变土地概念一样，新的研究方向就打开了，其中可以指出以下几点。

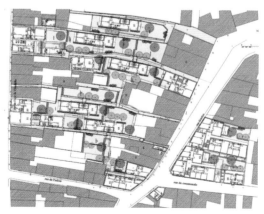

BNR 工作室，法国圣夏朗特（Saintes Charentes）凯旋门街区的修复，1999～2004 年：鸟瞰和平面

一些研究方向

将土地作为城市规划与设计的关键参数，迫使我们重新思考公共城市规划的几个方面，它们在今天的转型过程中往往是无关紧要的。当集体利益的优先地位得到承认并付诸实践时，就像在欧洲国家那样，首先开始尝试修改土地的观念，新的研究方向就打开了。在此，我们可以举例指出迄今为止所进行的工作中出现的三个

主要议题。

1. 重启一体化的公共规划

荷兰的案例和 F. 帕尔姆布的工作最能证明将城市规划作为一项公共政策重新启动的有效性，城市和地域项目明确地代表了这一点。即使人们对荷兰的不间断发展模式持保留态度，鹿特丹的规划也最符合欧洲改革派传统的城市设计理念：既接受不同学科的贡献，又不破坏自己的设计

乡村工作室（上图），农场太阳能（下图），纽伯（Newber），阿拉巴马州，2016 年

（实际上是将它们纳入了城市视觉文化的传统），还关注土地使用。通过这种方式，人们可以应对环境衰退与社会不平等之间的关系。事实上，粗放的土地使用导致了共同财富的枯竭和人们生活质量的下降，也导致社会和生活空间中新的隔离，以及文化和政治上的孤立。

为了减少这些不平等，B. 塞奇[2]建议在机动性和环境问题上采取行动，并利用"新学科联盟"的贡献来解决正在出现的问题（生物多样性、流动性/多孔性、水文管理、能源等）。其他人则增加了农业和食物循环的问题，回顾了基于传统方案之外参数的现代城市与土地规划的一些根源，如美国的区域规划师。此外，公共设施和一些公共干预（教育、卫生、住房）的传统主题在危机和大流行病中变得至关重要，同样重要的还有必要的手段，能够将地域的综合性（例如关于共同利益的概念）置于特殊利益（私人或公共的）之上。

受气候变化影响的人权对城市空间的影响问题尚未得到充分发展。也许可持续发展的理念也需要修正和更新：由于气候变化，应该深化所谓的可持续性理论的三大支柱（环境、社会和经济）：特别是重新定义全体人口生命权的重要性，并使土地使用规划及其由公共机构的管控合法化。[3]

今天，解决当代城市化的问题需要将土地保护措施应用于所有规模的常规规划（国家、区域和地方），使其与城市结构的修复相辅相成，减少不透水性，释放表面，让其重返自然的循环，而不是不惜一切代价追求创新（彼得·霍尔在 2005 年一次著名会议上开玩笑说的"神兽"[4]）。

区域景观规划尤其提出了大尺度地域项目的问题。正是在这种尺度上，我们得以确认大型自然空间的效用：连续而不可分割，对景观开放，与城市互补，是现代性的想象，现在又是气候变化和环境衰退所必需的。

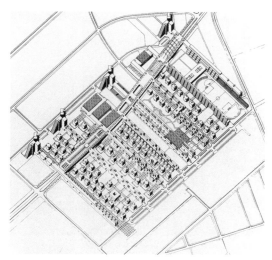

（左图）伦敦少女巷（Maiden Lane, G. Benson A. Forsyth LBC, 1979~1982）

（右图）O.M. 翁格尔斯，混合类型的住宅结构项目，参加了 1975 年柏林四环路的设计竞赛

2. 取代土地消耗再开发模式

第二个研究方向涉及土地征用的控制，以及两种常见的城市化形式的建筑风格，这两种形式仍在不断侵蚀我们的地域：独户住宅和用于多种活动（生产、贸易、仓储、展览、室内运动、交通联运节点等）的大面积单层建筑。

实际上，还有其他消耗土地的城市化模式，也许有一些是最贪婪的（大都市区混合用途和高密度的扩展；大型交通基础设施如机场、港口、联运中心；某些地区的非正式和非法建筑，如意大利南部）。但独户住宅和用于生产和贸易的低层棚屋可能已遍布所有国家和所有类型城市。此外，独户住宅构成了一个复杂而矛盾的主题，深刻影响着城市规划与设计。一方面，从社会化和可持续性的角度来看，它可以被认为是一种"坏的"城市化模式；但另一方面，它是一种被所有社会阶层都强烈需求的居住形式，在欧洲拥有重要的历史传统，并在现代时期持续演进。

a. 独户住宅与城市密度

由于当前广泛的福祉，独户住宅在北欧似乎势不可挡——荷兰是一个在住宅类型研究上富有创新精神的例子，这在最近的阿姆斯特丹港改造中得到了很好的体现——在拥有悠久传统的国家，独户住宅的发展几乎无法放缓。

此外，如果以停止土地消耗为前提，则应将废弃地区修复规划中住宅的实际权

乌德勒支超级公寓街区 Y（Marc Koehler 建筑师事务所，2017）

（上图）实景
（下图）合作式住房项目，注重灵活性、参与性与适应性

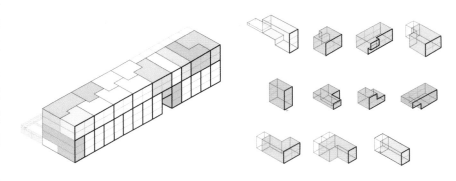

里奇·霍利·米哈伊尔（Riches Hawley Mikhail）在 2008 年赢得比赛后，在诺维奇市设计了一个低能耗的"高密度低层"住宅重建项目

重与其他建议功能相比较。如果是这样的话，应从偏好和优先次序的角度来确定住宅的土地占用问题，而不是从数量：如现代城市生活产生之初，用于交通的大空间或适合社会控制和有组织共存的城市空间？

同样令人好奇的是，当城市无序蔓延，时尚建筑学却一直在赞美拥堵[5]。然后是

日内瓦 MFO 公园，公园之家（The Park House，Raderschall 事务所，2002～2008）
该项目是一个前工业区大规模改造的一部分。整个场地曾经完全被建筑物、碎片和污染物所覆盖，现在则是一片树林。"公园之家"是一种由金属格网和绿化覆盖的广场

提尔皮茨（Tirpitz）博物馆，丹麦 Blavand
BIG 工作室设计，因方案突破陈规而闻名，尝试了将地下博物馆作为大地艺术的干预，建于 2017 年，改造并扩建了西海岸的一个德国军事堡垒

德累斯顿文化宫，W. Hänsch, H. Löschau, H. Zimmermann, 1962～1969 年设计，2013～2017 年由 GMP 事务所重建

密度问题。正如我们所见，居民乐于接受的密度并不是由开阔的空间带来的纯粹的定量结果，而是一种空间组织，由不同的建筑类型、尝试各种体验的可能性，以及相关的场所感来定义。

确保高密度和多样性城市空间的建筑类型组合已经测试，同时也尊重可持续性和抵御气候变化的范例（例如在一些生态社区中），但我们必须记住北欧现代公共住宅的广泛实验，近年来这种实验不时重现。

在这一点上，高密度低层住宅可以被认为是对以前城市化和废弃地区的各种改造形式之一，作为恢复社区精神，满足广泛的需求的一种方式，并在特定条件下追求社会改革的目标。

然而，对于现有城市结构的再开发来说，这一问题仍然存在，目的是在不转向高层建筑的情况下实现高密度化，特别是在城市外围单一功能的广大独户住宅区中引入新的功能，与景观和基础设施有更好的关系。蒙特·卡罗索（Monte Carasso）的情况仍然是独特而难以复制的。一些灵感可能来自在日益衰退的城市中的尝试，或者来自一些（前面提到的）生态社区中提出的中高层建筑和低层结构的组合。或许也可以从像中国的一些做法，尝试改造或修复现有的低层住宅（胡同），甚至在自行建设的过程中获得灵感。

这一点可以如此总结：在这种情况下，这种城市化模式的丧失对欧洲来说是一种

倒退：放弃了一种人居形式，这种形式是居民非常需要的，此外它还是欧洲大陆城市传统的一部分，在现代主义运动中再次获得成功确认。

在其他大陆，情况可能有所不同：在美国，面对更大的可用空间，这可能会抑制对土地消耗的批评，不同的传统（包括"广亩城市"的例子）可以将这种趋势导向社会可接受的结果（乡村工作室的经验具有代表性）。在中国，发展规模可能需要一种新的城市土地概念：适合集中，但即使在这种情况下，确保足够密度的建筑类型组合也反映了欧洲现代性的模式（正如格雷戈蒂、西扎、奇普菲尔德和几位中国建筑师最近的项目所示）。

b. 大型水平建筑

至于大型水平建筑，我们在前面的章节中已经提到，一些零星的尝试将它们整合到地面和绿化的设计中（汤普森工作室，

A. 西扎，埃武拉的马拉古埃拉地区的公共空间

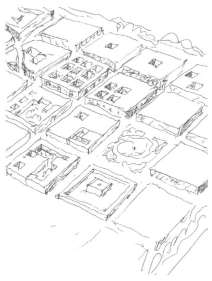

1980 年代中期，西扎研究了澳门高密度城市肌理的扩展，并提供了可接受的开放空间

H. 赫兹伯格和 OMA 的项目，更早的先例由勒·柯布西耶的绿色工厂和 Olivetti 计算中心，更不用说 Gabetti & Isola 事务所在 Candiolo 和 Bicocca 的设计）。

梅卡诺（Mecanoo），代尔夫特大学图书馆，1998 年

工业建筑的修复，大型未分隔空间的灵活性允许其转变为其他用途已经取得并且仍在取得成功，应该会引起人们对"矮而宽的棚屋"的兴趣，并重新开始研究这一多年前文丘里关注过，并被 20 世纪建筑师在不同场合研究过的事物。G. 德卡洛还试图将布雷达工场（Breda workshops）未实现的住宅改造用在皮斯托亚（Pistoia，1984）；还有柯布西耶的研究成果：从无限增长博物馆（1939 年）到米兰的奥利维蒂电子计算中心（1962 年）和威尼斯医院（1965 年），这可能影响了一些欧洲前社会主义国家的"文化宫"（德累斯顿，改造于 21 世纪初），且在 20 世纪也不乏各种连续城市的乌托邦愿景。

此外，高度标志性建筑的传播和在媒体上的成功，其中城市摩天楼仍然保持了记录，将文丘里夫妇在那个时代提出的"鸭子"和"装饰的棚屋"之间的区别带回了今天。

他们的争论集中在 1960 年代和 1970 年代的建筑上，这些建筑在现代主义功能主义之后，以复杂性，有时是封闭性为代价，表明并展示了它们的功能组织和施工技术，这使得美国外省的匿名装饰容器看起来更受欢迎：真正的工业产品，高效而低调。在这个阶段，很容易看出"鸭子"的概念是如何在像诺曼·福斯特（Norman

文丘里的草图说明了"鸭子"（拟物建筑）和"有装饰的棚屋"（装饰丰富的水平性建筑）之间的区别

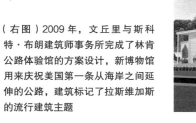

（右图）2009 年，文丘里与斯科特·布朗建筑师事务所完成了林肯公路体验馆的方案设计，新博物馆用来庆祝美国第一条从海岸之间延伸的公路，建筑标记了拉斯维加斯的流行建筑主题

Foster)设计的伦敦"郁金香大厦"这样的建筑中体现的,而像德累斯顿文化宫这样简单而中性的结构,包括其立面上"社会主义成功"的马赛克,得益于智能的修复而继续使用。

如果建筑像所有的工业产品一样,想要变得更加自然,那么必须在与施工过程有关的诸多事项中,重新审视它与地面的关系。最有趣的想法之一来自于将地面视为连续体的方案,不同于古典建筑的地面—平台,也不同于现代主义建筑"自由"(开放)和流动的土地。商业、生产、教学、仓储等建筑的大体量水平延伸可以通过屋顶的新理念来缓解,但不一定可行。现代主义建筑师提出(不知不觉地?)脱离木结构建筑传统的"地表",现在我们可以考虑从传统的地下建筑[6]和农业、水利的土方工程中恢复的提议,特别是应对大型项目。这无关乎把建筑设计成雕塑性的场地操作,形式上具有象征意义和可识别性,甚至有绿色的屋顶,而是要融入土地,建筑设计就其外延和类型学上可以等同于土方工程。

c. 公共空间的新形态

在公共空间领域,修复的文化实际上回应了当时重新评估紧凑城市的传统围合空间的要求,至少直到最近,寻找大型的、连续的、未分隔的、向景观开放的空间,都已被现代性所想象。让公共空间更加自然,就像在允许洪水进入的设计中预示的,需要不同的措施和一种新的设计,可以掌

日本横滨国际客运站(FOA,1995)
实用的屋顶是公共空间,延伸了码头的场地

阿里坎特教区建筑(A. 西扎,1998)
建筑在地面上的不规则形状是为了结合前机场留下的建筑,校园就建在该场地上

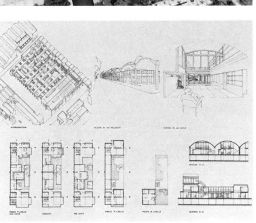

在皮斯托亚的布雷达工厂关闭后,G. 德卡洛研究了废弃仓库作为住宅建筑群的再利用(1983~1985)

外滩最初是上海国际化经济实力的象征，1990 年，一条十车道的快速路将城市和滨水分隔开，逐渐衰败。2010 年，为了迎接世博会，NBBJ 提出了解决方案并付诸实施，将六条车道置于地下，创造了一个步行公共空间系统，成为城市最受欢迎的空间

化，甚至在空间上分离的地区之间建立连接性的过程，以提高其韧性。当 1977 年的文件"城中之城"将开放空间设想为群岛城市，就像绿化和设施构成的泻湖，将城市分成岛屿，现在这些空间作为改善环境和气候条件的工具获得了更重要的价值，这些工具还包括技术基础设施（如污水、排水和保水系统，甚至屋顶绿化）。一些收缩中的城市采用了这种空间再转换的总体策略，结合了一些干预措施，选择投资最大化并根据实际社会需求仔细界定，包括学校、花园、公共交通和社会住宅。无论如何，公共空间系统再次变得至关重要，成为韧性城市真正的支撑结构，因为增加自然土地（具有海绵、调节热量、吸

握迥然相异的人工和自然要素。

地球的"皮肤"和多孔性的土地概念需要针对公共空间，特别是开放空间的战略，必须克服城市无序蔓延所固有的碎片

位于马赛中心的"五月佳丽"（Belle de Mai）前香烟厂从 1991 年转变为文化活动中心，并于 2001 年由 ARM 工作室进行了更新，屋顶露台用作活动和表演空间

收废气的作用）的目标在很大程度上与增加公共空间的目标一致。此外，正如气候行动计划所显示的那样，它可以作为一个起点、一个驱动力和调节留下的城区（包括私人部分）的一个前提。

因此，新的"公共空间"既不是古典城市的围合和形式空间，也不是现代主义的开放和"自然"空间。

我们可以强调它的三个特征：

包容性

规划与设计必须为新的社会需求，特别是来自贫穷社会阶层和移民的需求，以及来自众多社会运动的表达，确定适当的答案。因为缺乏制度答案，往往不能以令人满意的方式表达他们的期盼。它开启了关于公共住房、服务设施和社会关怀问题的巨大研究空间，我们可以延续过去由现代主义发起并在最近重启的几个实验。

新的公共空间也必须面对现有的结构，并且只能"包容"那些非规划的事物：在埃武拉，也许是欧洲公共住宅的最后一个"大项目"，开放空间的最终设计包括现有水利工程、停车场、游牧小径和农田等。新公共功能和公共感，重新连接分离的城市碎片，随着时间推移逐步完成，这对所有城市是共同的需求。从上海开始，外滩的公共空间（其历史悠久的滨江，后来因交通繁忙和频繁的洪水而衰退）得到扩大，减少了汽车的影响，加强了防洪，并创建了步行与自行车线路，俯瞰着对面

1950 年代，凡·艾克在阿姆斯特丹闲置的小块土地上设计了一系列城市游戏场

扬·盖尔，将道路改造成公共空间以防止污染的方案

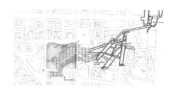

中央市场的"林冠"建筑，Patrick Berger et Jacques Anziutti 建筑师事务所，Ratp，巴黎，2010～2016年

（上图）地铁地下站点与新的下沉广场一体化设计方案
（右图）鸟瞰与室内

都灵苏萨门站，AREP 与 Jean-Marie Duthilleul、Etienne Tricaud、Silvio d'Ascia 和 Agostino Magnaghi，2002～2018 年

苏萨门站是近几十年来在欧洲流行的综合车站类型之一，除了连接各种交通系统外，还形成了新的公共空间，并修复了被铁路轨道分隔的城市肌理

中央商务区的壮丽景观。在哥本哈根，汽车交通空间的削减产生了新的公共场所，无论是在郊区还是在市中心，都受到市民的欢迎。而在巴黎，"林冠"（la Canopée）方案重新利用了前中央市场（les Halles）及其多个地铁站点的空间，创造了一个新的壮观的大都市中心，由融入地下交通网络的公共空间组成。

此外，A. 凡·艾克（Aldo van Eyck）在 1950 年代设计的一些阿姆斯特丹游乐场，重新利用了密集建成区的剩余空间，为会议和社交提供场所，可以被认为是相同策略的先驱。

连续性

连续性，对于碎片化城市系统的多孔性是一个关键议题，无论是无序蔓延的还是"门禁化"的大都市。创造连续的韧性公共空间，主要策略是建造各种廊道和蓝绿基础设施（运河、河流、森林和公园）。此外，重建时期被忽视的街道格网在今天也可以发挥作用。扬·盖尔前瞻性的方案将街道网络塑造成一个单一的实体，建筑

A. 西扎, E.S. 德莫拉, 那不勒斯市政地铁站, 2000～2015 年: 新的多功能地下公共空间的效果图

肌理让其变得"多孔"而不破碎,可以被认为另一种类型"温和的"流动廊道。

甚至许多私人空间(既包括非建设空间如花园,也包括供集体使用的如购物中心)可以作为规划的要素,以促进多孔性和可持续性,并在构建蓝绿基础设施网络中发挥作用。

为了使城市内部的公共空间更加自然,例如,在允许洪水泛滥的方案中,需要一种新的组合类型,可以应对差异化的人工和自然要素。人们可以在德累斯顿和科隆等城市的战后重建过程中发现这样的例子,某些大尺度空间被逐步地精心重组,包括古代纪念物、自然要素和当代建筑。

平等主义

在获取城市与地域资源方面,这将是减少不平等的基本工具。公共空间的这一

哥本哈根蛇形自行车道(Dissing and Weitling 建筑事务所,2013)

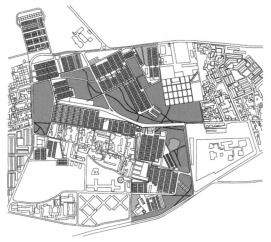

A. 西扎，马拉盖拉的公共空间系统和中央公园的景观

波尔图，大西洋漫步（M. de Solá Morales，2000 ~ 2004）

不可消除的功能，得到了现代建筑的大力支撑，在后来的阶段也从未消失，在当前无约束的自由化和放松管控条件下变得尤为重要。

在广阔的公共领域（住房、交通、教育和卫生服务、公共设施、体育、绿地、公园和花园，借用格雷戈蒂的表述），"城市设计的政治价值"的例子数不胜数，尽管通常仅限于行业部门的实践。仅通过最近的案例，我们可以回顾一下几个城市提出的城市绿色系统、绿化地带等规划。

另一方面，设计中同时应对绿色空间和其他影响土地使用的公共服务的并不多：不仅是街道和交通系统、学校、医院和其他公共设施，还有长期以来被认为是福利的主要组成部分的社会住房。丹尼斯·斯科特·布朗（Denise Scott Brown）文章中的"公共领域"和"资本网络"，就是"从物质角度来看"构成公共部门的一组要素，仍然未能得到实际应用[7]。但这是当前的观点，有可能根据社会需求的新特点（人口老龄化，对一些传统服务的需求减少以及新需求的形成，特别是对环境衰退和气候变化的保护工作）来更新服务，并将其纳入一个统一的基于地面保护的项目中。[8]

注释

1   G. Trangos in "Buffer zones and golf estates: do we really need more Garden cities?" (*Architectural Review*, September 2014) has highlighted how the Garden city model has been overturned to create ghetto neighborhoods and green belts used as 'buffers' between different ethnic areas.

2   B. Secchi, *La città dei ricchi e la città dei poveri*, Laterza, Bari 2013, and in particular "La nuova questione urbana: ambiente, mobilità e disuguaglianze sociali", *Crios*, no. 1, 2011.

3   In this regard, perhaps it is also necessary to rethink the critique of zoning that in the period of urban renewal has pushed urban plans to seek new alternatives solutions in appearance more precise (such as the design of architectural forms of predictions) but it was accompanied by the loss of control over land use. The situation has become complicated with the abandonment of space control caused by the bureaucracy, grew out of proportion, and conciliation practices between private operators and public institutions. If zoning in the city, once reduced the pace of growth, has changed its role, especially for the control of building transformations, and today are needed different tools such as analysis and more detailed classifications, for territorial transformations as well as for the wide spaces, for the landscaping of the territory, the land use remains a step, not exhaustive but certainly crucial, for the integration of the different proposals (buildings, infrastructures, environment, landscape).

4   Peter Hall, *The sustainable city: a mythical beast ?*, lecture at the National Building Museum, Washington, 15.12.2005. In this essay, Hall reiterates how good urban planning has always had sustainability as its goal, while, as the Burtland report argues: «the real problem is making it operational».

5   Amongst the first to appreciate the congestion, Rem Koolhaas with *Delirious New York*, Oxford University Press, New York, 1978, has established himself as the leading theorist of 'manhattanism' and deregulation.

6   Examples of attention to this aspect are certain underground spaces designed by Siza such as the Madrid tourist office and the Municipio metro station in Naples and São Bento stations in Porto, or the basement library in Delft by Mecanoo, but also the recovery of the 'dalles', i.e. the large platforms covering underground spaces generally used for transport that are more easily adapted to public and green installations such as the roof of the Paris Montparnasse station or the Dâk Park over a parking lot in Rotterdam.

7   Denise Scott Brown, "Public realm, public sector and the public interest in urban design", *Architectural Design*, no. 60, 1990.

8   The so-called Equipment Plan was theoretically conceived as an attempt to organically plan the crucial sector of spatially defined public interests and was mainly based on owned and public interest spaces (houses, schools and services, roads, green spaces). In practice, a distorted interpretation has prevailed to reduce the legal obligations relating to the standards of public spaces. Today it could be considered an opportunity for a different development model that maintains the public heritage and the relative ground as the main tools of ordinary planning for defense against the economic and environmental crisis.

参考文献

TESTI GENERALI

Scully V. (2013, prima ed. 1962), *The Earth, the Temple and the Gods*, Trinity University Press, San Antonio.

Lefebvre H. (1968), *Le droit à la ville*, éditions Anthropos, Paris (trad. it. 1970, *Il diritto alla città*, Marsilio, Padova).

Jellicoe G. e S. (1975), *The Landscape of Man*, Thames and Hudson, London.

Bacon E. (1967), *Design of Cities*, Thames and Hudson, London.

Frampton K. (1980), *Modern Architecture: a Critical History*, Oxford University Press, London (trad. it. 1982, *Storia dell'architettura moderna*, Zanichelli, Bologna).

Sica P. (1976-1981), *Storia dell'urbanistica*, Laterza, Bari.

Benevolo L. (1991), *La cattura dell'infinito*, Laterza, Bari.

Mamoli M. e Trebbi G. (1988), *Storia dell'Urbanistica, L'Europa del Secondo Dopoguerra*, Laterza, Bari.

Frampton K. (1995) *Studies in Tectonic Culture: The Poetics of Construction in Nineteenth and Twentieth Century Architecture*, The Mit Press, Cambridge, Massachusets (trad. it. 1999, *Tettonica e architettura, Poetica della forma architettonica nei XIX e XX secolo*, Skira, Milano).

Sassen S. (1991), *The Global City: New York, London, Tokyo*, Princeton University Press, Princeton (trad. it. 1997, *Città globali. New York, Londra, Tokyo*, Utet, Torino).

Salzano E. (1998), *Fondamenti di urbanistica*, Laterza, Roma-Bari.

Benevolo L. (1999), *I segni dell'uomo sulla terra. Una guida alla storia del territorio*, Mendrisio, Academy Press, Mendrisio.

Benevolo L. (2006), *L'architettura nel nuovo millennio*, Laterza, Bari.

Maddalena P. (2014), *Il territorio bene comune degli Italiani*, Donzelli, Roma.

Ryan Collins J., Lloyd T., Macfarlane L. (2017), *Rethinking the Economics of Land and Housing*, Zed Books, London.

1 CAPITOLO

Unwin R. (1909), *Town Planning in Practice*, Fisher Unwin Ltd, London (trad. it. 1971, *La Pratica della Progettazione Urbana*, il Saggiatore, Milano).

Unwin R. (1912), *Nothing Gained by Overcrowding!*, P.S. King & Son, Orchard House, Westminster.

May E. (1931), "La costruzione di nuove città nell'URSS", in G. Grassi (a cura di), *Das Neue Frankfurt 1926-1931*, Dedalo Libri, Bari, 1975.

Sereni E. (1961), *Storia del paesaggio agrario italiano*, Laterza, Bari.

Joedicke J. (1963), *Architektur und Städtebau Das Werk van den Broek und Bakema*, Karl Krämer Verlag, Stuttgart.

Forum (1965), volume XIX, no. 3, special issue *Stad op Pampus*.

Architectural Design (1967), volume XXXVII, no. 9, *Low and medium rise Housing primer*.

Kopp A. (1967), *Ville et révolution. Architecture et urbanisme soviétiques des années vingt*, Paris (trad. it 1987 *Città e rivoluzione. Architettura e urbanistica sovietica degli anni venti*, Feltrinelli, Milano).

Martin L. (1972), "The Grid as a Generator", in L. Martin and L. March, *Urban Space sans Structures*, Cambridge.

Smithson A. & P. (1973), *Without Rethoric - An Architectural Aesthetic 1955-1972*, Latimer New Dimensions Ltd., London.

Kopp A. (1975), *Changer la vie, changer la ville. URSS 1917-1932*, Paris.

Böhm H. (1975), "Divisione e uso del suolo urbano ieri e oggi a Francoforte sul Meno", in G. Grassi (a cura di), *Das Neue Frankfurt 1926 - 1931*, Dedalo Libri, Bari.

Woods S. (1975), *The Man in the Street*, Penguin Books.

Panerai Ph., Castex J., Depaule J-C. (1977), *Formes urbaines de l'îlot à la barre*, Dunod, Paris (trad. it.1981, *Isolato urbano e città contemporanea*, Clup Milano).

Benevolo L., Giuralongo T., Melograni C. (1977), *La progettazione della città moderna*, Laterza, Bari.

Kopp A. (1978), *L'architecture de la période stalinienne*, Presses Universitaires de Grenoble.

Caniggia G., Maffei G.L. (1979), *Composizione architettonica e tipologia edilizia. 1. Lettura dell'edilizia di base*, Marsilio, Padova.

Frampton K. (1982), "Modern Architecture and the Critical Present", *Architectural Design*, vol. 52, 7/8.

Lucan J. (1982), "Il terreno dell'architettura. La liberazione del suolo e il ritorno all'acropoli", *Lotus international*, n. 36.

Duyff W.T., van der Lee K.W. (1985), "Huisie, Boompje, Beestje", in *Algemeen Uitbreidingsplan Amsterdam 50 Jaar 1935-1985*, Koninklijke Bibliotheek, Den Haag.

Magri S., Topalov C. (1987), "De la cité-jardin à la ville rationalisée. Un tournant du projet réformateur 1905-1925 dans quatre pays", *Revue française de sociologie*, vol. 28, n. 3.

Kopp A. (1988), *Quand le moderne n'etait pas un style mais une cause*, École Nationale supérieure de Beaux-Arts, Paris.

Blau E. (1999), *The Architecture of Red Vienna 1919-1934*, Mit Press, Cambridge, Massachusetts.

Taillandier I., Namias O., Pousse J-F, (2009), *L'Invention de la Tour Européenne*, Editions du Pavillon de l'Arsenal / Editions A. & J. Picard, Paris.

Flierl T. (2011), "Ernst May in the Soviet Union (1930-1933)", in *Ernst May 1866-1970*, Deutsches Architekturmuseum, Frankfurt am Main.

Eleb M. (2013), "L'avenir d'une illusion?", *Institut d'aménagement et d'ürbanisme Île de France, Les Cahiers*, n. 165.

Ijeh I. (2015), "Can tall buildings ever be sustainable?", *Building*, digital ed. 25.2.2015.

Hatherley O. (2015), "In the Eastern Block", *Architectural Review*, digital ed. 29.6.2015.

Melograni C. (2015), *L'architettura nell'Italia della ricostruzione. Modernità versus modernizzazione*, Roma.

Barkham P. (2016), "Story of cities # 34: the struggle for the soul of Milton Keynes", *The Guardian*, 3.5.2016.

Cheshmehzangi A., Butters C. (2016), "Chinese urban residential blocks: Towards improved environmental and living qualities", *Journal of Urban Design International*, August 2016.

Swenarton M. (2017), *Cook's Camden, The Making of Modern Housing*, Lund Humphries, London.

"Un nouveau regard sur les tours" (2017), dossier de *l'Urbanisme, Habitat, Construction*.

Hatherley O. (2017), "In Defense of the High Rise", www.jacobinmag.com, 25.6.2017.

Al-Kodmany K. (2018), "Unsustainable tall buildings developments", in *The vertical City. A sustainable Development Model*, Mit Press, Massachusetts.

Saval N. (2019), "Utopia Abandoned, Ivrea", *The New York Times Style Magazine*, 28.8.2019.

Berghauser Pont M., Haupt P. (2021) *Spacematrix: Space, Density and Urban Form*, nai010 Publisher.

2 CAPITOLO

Frank Lloyd Wright: Designs for an American Landscape, 1922-1932, catalogo della mostra allestita nel 1996-97 alla Library of Congress, Washington, consultabile sul sito https://www.loc.gov/exhibits/flw/flw00.html.

Habraken N.J. (1961), *De Dragers en de Mensen, Het einde van de massa Woningbouw*, Scheltema & Holkema N.V., Amsterdam (trad. ingl. 1972, *Supports: an Alternative to Mass Housing*, The Architectural Press, *London*).

Cullen G. (1961), *Townscape*, The Architectural Press, London (trad. it. 1976, *Il paesaggio urbano. Morfologia e progettazione*, Calderini, Bologna).

Gregotti V. (1966), *Il territorio dell'architettura. Architettura e paesaggio fra geografia e storia*, Feltrinelli, Milano.

Gehl J. (1971), "Life Between Buildings: Using Public Space", in *Arkitektens Forlag/The Danish Architectural Press*, Copenhagen.

Venturi R., Scott Brown D., Izenour S. (1972), *Learning from Las Vegas*, Cambridge, Massachusetts.

Stichting Architen Research (1973), *SAR 73, The methodical formulation of agreements concerning the direct dwelling environment*, SAR, Eindhoven.

Krier R. (1975), *Stadtraum in Theorie und Praxis*, Karl Krämer Verlag, Stuttgart (trad it. 1983, *Lo spazio della città*, Clup, Milano).

Cervellati P.L., Scannavini R., De Angelis C. (1977), *La nuova cultura delle città: la salvaguardia dei centri storici, la riappropriazione sociale degli organismi urbani e l'analisi dello sviluppo territoriale nell'esperienza di Bologna*, Edizioni scientifiche e tecniche Mondadori, Milano.

Pinon J.P., Micheloni P. (1978), "Parcellaire foncier et architecture urbaine", *Métropolis*, vol. 3, n. 32.

Perez de Arce R. (1978), "Urban Transformations and the Architecture of Additions", *Architectural Design*, vol. 48, n.4 (ed. digitale 2015, Rutledge, New York).

Krier L. (1978), *Rational Architecture Rationelle*, AAM Editions, Bruxelles.

Ungers O.M. et al. (1978), "Le città nella città, Berlino. Proposte della Sommer Akademie per Berlino", in *Lotus International*, n. 19.

McCluskey J. (1979), *Road Form and Townscape*, London.

Aron J. (1982), *La Cambre et l'architecture*, Mardaga, Bruxelles.

Ungers O.M. (1982), *Architecture As Theme*, Rizzoli, Milano.

Corboz A. (1983), "Le territoire comme palinpseste", *Diogène*, n. 121.

Gregotti V. (1985), "Posizione, relazione", *Casabella*, n. 514.

Secchi B. (1986), "Progetto di suolo", *Casabella*, n. 520-521.

Mangin D., Panerai Ph. (1988), *Les temps de la ville. L'économie raisonnée des tracés urbains*, École d'architecture,Versailles.

Beardsley J. (1984), *Earthworks and Beyond: Contemporary Art in the Landscape*, Abbeville Press, London.

Clementi A., Perego F., a cura di (1990), *Eupolis*, Laterza, Bari, e in particolare per l'Italia il saggio di P. Di Biagi.

Gregotti V. (1990), "Aree dismesse, un primo bilancio", *Casabella* n. 564.

Smets M. (1990), "Una tassonomia della deindustrializzazione", *Rassegna*, n. 42.

Hertzberger H. (1991), *Lessons for students in Architecture*, Uitgeverij 010 Publishers, Rotterdam (trad. it. (1996), *Lezioni di architettura*, Laterza, Bari).

Pinon P. (1992), *Composition urbaine. Repères*, Ministere de l'equipement, du logement et des transports. Service Technique de l'urbanisme, Les editiosn du STU, Paris.

Lassus B. (1994), "L'obligation de l'invention du paysage aux ambiances successives", in A. Berque, ed., *Cinq propositions pour une théorie du paysage*, Champs Vallon, Paris.

Marot S. (1995), "L'alternative du paysage", *Le visiteur, 1*, Société des architects, Paris.

De Carlo G. (1995), *Nelle città del mondo*, Venezia, Marsilio.

Smithson R. (1996), *The Collected Writings*, University of California Press.

Catalogo della mostra *Frank Lloyd Wright: Designs for an American Landscape, 1922-1932* (1996-97) allestita alla Library of Congress, Washington, consultabile sul sito https://www.loc.gov/exhibits/flw/flw00.html

Portas N. (1998), "L'emergenza del progetto urbano", *Urbanistica*, n. 110.

Mangin D., Panerai Ph. (1999), *Projet urbain*, Parenthèses, Marseille (capitoli: tracées, tessuti).

Gregotti V. (1999), *L'identità dell'architettura europea e la sua crisi*, Einaudi, Torino.

Cervellati P.L. (2000), *L'arte di curare le città*, Il Mulino, Bologna.

Masbourgi A., sous la direction de, (2002), *Penser la ville par le paysage*, La Villette, Paris.

Masbourgi A., Allain-Dupré E. eds. (2003), *Michel Corajoud et cinq grandes figures de l'Urbanisme*, Ed. de la Villette, Paris.

Salzano E., (2003-2019), https://eddyburg.it

Gehl J., Gemzoe L. (2004), *Public Spaces, Public Life*, Danish Architectural Press, 2004.

Aa.Vv. (2005), *Atlas of the Dutch Urban Block*, Thoth Publishers, Bussum NL.

Sonne W. (2005), *Dwelling in the Metropolis: Reformed Urban Blocks 1890/1940*, Project Report. University of Strathclyde and Royal Institute of British Architects, Glasgow.

Donadieu P. (2007), "Le paysage, les paysagistes et le développement durable: quelle perspectives ?", *Economie Rurale*, n. 297-298.

Solá Morales M. (2008), *De Cosas urbanas*, Gili, Barcelona.

Hertzberger H. (2010), *Space and the Architect, Lessons in Architecture 2*, 010 Publishers, Rotterdam.

Gehl J. (2010), *Cities for people*, Island Press, Washington DC.

Palermo P.C., Ponzini D. (2010), *Spatial Planning and Urban Development. Urban and Landscape Perspectives, Book 10*, Springer.com.

Masboungi A., ed., (2011), *Le paysage en préalable, Michel Desvigne Grand Prix de l'urbanisme 2011*, Editions Parenthèses, Paris.

Gregotti V. (2011), *Architettura e postmetropoli*, Einaudi, Torino.

Gregotti V. (2012), *La città pubblica*, Giavedoni, Pordenone.

Gregotti V. (2012), *Incertezze e simulazioni. Architettura tra moderno e contemporaneo*, Skira, Milano.

Donadieu P. (2012), *Sciences du paysage. Entre théories et pratiques*, Lavoisier.

Pavesi L., Ian Nairn I. (2013), "Townscape and the Campaign against Subtopia", *Focus*, vol. 10, iss. 1.

Gregotti V. (2014), *Il possibile necessario*, Bompiani, Milano.

Hatherley H. (2015), *Landscapes of communism, a history through buildings*, Penguin Books.

Albrecht B., Magrin A., a cura di, (2015), *Esportare il centro storico*, Catalogo della Triennale di Milano, Milano.

Agostini I. (2015), "La cultura della città storica in Italia", *Scienze del territorio*, n. 3.

Girot C. (2016), *The Course of Landscape Architecture*, Thames & Hudson, London.

Aa.Vv. (2017), "Territori nella reindustrializzazione", numero monografico di *Territorio*, n. 81.

Hatherley O. (2017), *Trans-Europe Express: Tours of a lost continent*, Penguin Books.

Crawford C. (2019), "The case to save socialist space. Soviet residential landscape under threat of extinction", in E. Brae and H. Steiner editors, *Routledge research companion to landscape architecture*, Routledge, London.

3 CAPITOLO

Palmboom F. (1988), "Un caso nordico di urbanità", *Urbanistica* n. 93.

Gregotti, V. (1991), "La decadenza dell'architettura italiana", *Casabella*, n. 580.

Lassus B. (1992), *Hypothèses pour une troisième nature*, Paris.

Gregotti, V. (1992), "Progetto urbano: fine?", *Casabella* 593.

Benevolo, L. (1996), *La città nella storia d'Europa*, Laterza, Bari.

Kalsbeek P. (1996), "Recenti tendenze nell'architettura del paesaggio olandese", in *Laboratorio su Prato PRG*, Alinea, Firenze.

Donadieu P. (1998), *Campagnes urbaines*, Actes Sud, ENSP, Arles-Versailles.

Magnaghi A. (2000), *Il progetto locale*, Bollati & Boringhieri, Torino.

Corner J. (2003), "Landscape Urbanism," in Mostafavi M. and Najle C., *Landscape Urbanism: a Manual for the Machinic Landscape*, Architectural Association, London.

Hooimeijer F., Meyer H., Nienhuis A. (2005), *Atlas of Dutch Water Cities*, Sun, Amsterdam.

Clement G. (2005), *Manifesto del Terzo paesaggio*, Quodlibet, Macerata.

Sklair L. (2005), "The transnational capitalist class and contemporary architecture in globalizing cities", *International Journal of Urban and Regional research*, 29 (3).

Oswalt P., ed. (2005), *Shrinking cities vol. 1. International research*, Hatje Cantz Publishers, Ostfildern-Ruit, Germany.

Benedict M.A., McMahon E.T. (2006), *Green Infrastructure: Linking Landscapes and Communities*, Island Press, Washington/London.

"Reclaiming Terrain" (Novembre 2006), *Lotus International*, n. 128.

Corner J. (June 2006) "Terra Fluxus" in Waldheim C., ed ., *The Landscape Urbanism Reader*, Princeton Architectural Press, New York.

Oswalt P., ed. (2006), *Shrinking cities vol. 2. Interventions*, Hatje Cantz Publishers, Ostfildern-Ruit, Germany.

Benevolo L. (2006), *L'architettura nell'Italia contemporanea ovvero il tramonto del paesaggio*, Laterza, Bari.

Regione Emilia Romagna (2007), *Agricoltura urbana*.

Klein N. (2007), *The Shock Doctrine*, Picador, New York (trad. it. 2008, *Shock Economy. L'ascesa del capitalismo dei disastri*, BUR Milano).

Tocci W. (2009), "L'insostenibile ascesa della rendita urbana", *Democrazia e Diritto*, n. 1, Angeli, Milano.

Newman P., Beatley T., Boyer H. (2009), *Resilient Cities: Responding to Peak Oil and Climate Change*, Island Press, Washington.

Gibelli M.C., Salzano E., a cura di (2009), *No sprawl*, Alinea, Firenze.

Palmboom F. (2010), "Landscape Urbanism: Conflation or Coalition?", *Topos* n. 71.

Poli D., a cura di (2010), "Il progetto territorialista", numero monografico di *Contesti. Città, territori, progetti*, n. 2.

Meyer H., Bobbink I., Nijhuis S. (2010), *Delta Urbanism: The Netherlands*, Routledge, London.

Settis S. (2010), *Paesaggio, costituzione e cemento*, Einaudi, Torino.

Hatherley O. (2010), *A Guide to the New Ruins of Great Britain*, Verso, London-New York.

Cremaschi M. (16-18 settembre 2010), "Rendita fondiaria e sviluppo urbano nella riqualificazione urbana: per un'ipotesi interpretativa", Società Italiana di Scienza Politica, XXIV Convegno, IUAV di Venezia.

Lehmann S. (2010), *The Principles of Green Urbanism. Transforming the City for Sustainability*, Earthscan, London.

Gregotti V. (2010), *Tre forme di architettura mancata*, Einaudi, Torino.

V. Gregotti V. (2011), "Le ipocrisie verdi delle archistar. Tra Expo botanica ed ecocompatibilità", *Corriere della sera* 18.2.2011.

Benevolo L. (2011), *La fine della città*, Laterza, Bari.

Cultural Heritage Agency – Netherlands (2012), *Man-made Lowlands. A future for ancient dykes in the Netherlands*.

Palmboom F. (2012), *Drawing the Ground: Landscape Urbanism Today, the Work of Palmbout Urban Landscapes*, Birkhäuser, Basilea.

Benevolo L. (2012), *Il tracollo dell'urbanistica italiana*, Laterza, Bari.

Lotus n. 150 (2012), numero monografico, *Landscape Urbanism*: M. Desvigne, "Il paesaggio come punto di partenza"; F. Repishti "Dalla prassi alla teoria nel Landscape Urbanism"; J. Corner, "Terra Fluxus".

Metz T. van den Heuvel M. (2012), *Sweet and salt. Water and the Dutch*, Naj Publications, Rotterdam.

Hatherley O. (2012), *A new kind of Bleak. Journeys through Urban Britain*, Verso London, New York.

Ingersoll R. (2012), "Urban Agricolture", *Lotus* n. 149.

Schlappa H., Ferber U. (2013), "From crisis to choice: managing change in shrinking cities", *Local land & soil news* n. 46/47, II.

Fina S., Pileri P., Siedentop S., Maggi M. (2013), "Strategies to reduce land consumption. A comparison between Italia and German city regions", *Archivio di studi urbani e regionali*, n. 108.

Bulkeley H. (2013), *Cities and Climate Change*, Rowtledge, London & New York.

Klein N. (2014), *This changes everything: Capitalism vs the Climate* (trad. it. 2014, *Una rivoluzione ci salverà*, BUR, Milano).

Hospers G.J. (2014), "Policy Response to Urban Shrinkage: from Growth Thinking to Civic Management", *European Planning Studies*, vol. 22, n. 7.

Hatherley O. (2014), "High Lines and park life: why more green isn't always greener for cities", *The Guardian* 30.1.2014.

Palmboom F. (2014), *Inspiration and Process in Architecture*, Moleskine.

Torre A. (2014), "L'agriculture de proximité face aux enjeux foncières. Quelques réflexions à partir du cas francilien", *Espaces et sociétés*, 3, n. 158.

Schuetze T., Chelleri L. (December 2015), "Urban Sustainability versus Green-Washing- Fallacy and Reality of Urban Regeneration in Downtown Seoul", *Sustainability*.

Ragnarsdottir K.V., Banwart S.A., eds (2015), *Soil: The Life Supporting Skin of Earth*, eBook by the University of Sheffield, Sheffield (UK) and the University of Iceland, Reykjavik (Iceland).

Pileri C. (2015), *Cosa c'è sotto. Il suolo, i suoi segreti, le ragioni per difenderlo*, Altraeconomia, Milano

Bonora P. (2015), *Fermiamo il consumo di suolo*, Il Mulino, Bologna.

O. Hatherley O. (2016), "Soviet squares: how public space is disappearing in post-communist cities", *The Guardian*. 21.4.2016.

C. Waldheim C. (2016), *Landscape as Urbanism*, Princeton University Press, Princeton.

Hayes B., Buxton N. (2016), *The secure and the dispossessed. How the military and corporations are shaping a climate-change world*, Pluto Press, London.

Mantziaras P., Viganò P., eds (2016), *Le sol des villes*, Editions Métis Presses, Paris.

Lassus B. (2017), *Jardin monde*, Editions du Centre Pompidou, Paris.

Sklair L. (2017), *The Icon Project*, Oxford University Press, New York.

Sennett R. (2018), *Building and Dwelling: Ethics for the City*, Allen Lane-Penguin, London (trad. it. (2018) *Costruire e abitare*, Feltrinelli).

Buxton N. (2018), "Don't turn to the military to solve the climate change crisis", *The Guardian*. 3.8.2018.

Magnaghi A., Dematteis G., a cura di (2018), "Le economie del territorio bene comune", numero monografico di *Scienze del Territorio*, n. 7.

Long J., Rice J.L. (June 2018), "From sustainable urbanism to climate urbanism", *Urban Studies*.

Abel G.J., Brottrager M., Cuaresma J.C., Muttarak R. (2019), "Climate, conflict and forced migration", *Global Environmental Change*, n. 54.

Klein N. (2019), *On Fire: The (Burning) Case for a Green New Deal*, Simon & Schuster, New York (trad. it. 2019, *Il mondo in fiamme. Contro il capitalismo per salvare il clima*, Feltrinelli, Milano).

Pavia R. (2019), *Tra suolo e clima. La terra come infrastruttura ambientale*, Donzelli, Roma.

Marson A., a cura di (2019), *Urbanistica e pianificazione nella prospettiva territorialista*, Quodlibet, Macerata.

Magnaghi A. (2020), *Il principio territoriale*, Bollati e Boringhieri, Torino.

译后记

本书的作者之一 Marco Massa（马尔科·马萨）是佛罗伦萨大学城市规划教授，也是南京工业大学客座教授，多次来我校举办讲座和联合教学，为我校城乡规划专业的国际合作和交流做出了很大贡献。2022年，本书的意大利文和英文版出版后，Massa 教授通过我校国际合作处分享给学校的教师，并表达了希望在中国翻译出版的愿望。我自己从事城市形态方面的研究，和 Massa 先生相识于 2009 年 ISUF 的广州年会，也曾受教于为本书作序的法国城市形态学者 Philippe Panerai 先生。由于研究方向上的各种关联，便欣然承担了本书的翻译工作。感谢南京工业大学建筑学院郭华瑜院长、南京工业大学国际合作处佴康处长对本书出版的支持，以及中国建筑工业出版社程素荣女士在本书出版过程中的帮助。

Massa 先生是《世界城市史》的作者贝内沃洛的学生，且和 Panerai 先生是好友，而我曾于 2005 年在巴黎 Panerai 先生的事务所短期实习，于 2012 年翻译出版了他的 *Formes Urbaines，de I'îlot à la barre*（中文译名：《城市街区的解体：从奥斯曼到勒·柯布西耶》）。他们两位都是美食家，见面总是交流厨艺，对城市形态中的土地方面有着共同的兴趣。Panerai 先生更侧重于地块细分对城市形态及其社会生活的影响，地块和形态、街道和建筑，以及形式与设计实践的关系；Massa 先生则将土地作为联系城乡规划一系列演进的基础，聚焦于土地概念中与建筑学和城乡规划相关的表层——"地面"，按照土地在规划与设计中的相关主题，来整合不同尺度、不同类型的实践。

翻译大致从 2022 年 8 月开始，历时一年。其间我在 2023 年 5 月 26 日收到 Massa 先生的邮件，告诉我他在巴黎参加了 Panerai 先生的葬礼，Panerai 先生已于 5 月 11 日去世。同时我也看到了相关推送，称其为"城市测量员"（arpenteur des villes），称呼中包含了他所从事的事业，以及对我专业旨趣的潜在影响，更愿将此书的翻译当作一种连接，跨越了十年的时间。

魏羽力

2024 年 1 月于南京